社区绿化数量化评价研究成果

# 社区绿化的生态效益及其评价

董　丽　皮定均　编著

U0296046

中国建筑工业出版社

图书在版编目（CIP）数据

社区绿化的生态效益及其评价/董丽，皮定均编著. —北京：
中国建筑工业出版社，2016.5
ISBN 978-7-112-19447-6

Ⅰ.①社…　Ⅱ.①董…②皮…　Ⅲ.①社区-绿化-生态效应-效
益评价　Ⅳ.①S731.5

中国版本图书馆 CIP 数据核字（2016）第 102274 号


责任编辑：兰丽婷
责任设计：王国羽
责任校对：李欣慰　张　颖

**社区绿化的生态效益及其评价**

董　丽　皮定均　编著

＊

中国建筑工业出版社出版、发行（北京西郊百万庄）

各地新华书店、建筑书店经销

北京科地亚盟排版公司制版

廊坊市海涛印刷有限公司印刷

＊

开本：787×1092毫米　1/16　印张：10¾　字数：215千字
2016年5月第一版　　2016年5月第一次印刷
定价：**38.00**元
ISBN 978-7-112-19447-6
(28700)

**版权所有　翻印必究**

如有印装质量问题，可寄本社退换
（邮政编码 100037）

# 前　　言

　　城市是人类群居生活的高级形式，是人类走向成熟和文明的标志。然而近一个多世纪以来，城市化的快速发展却带来了越来越严重的生态危机，直接影响到人类的可持续发展。园林是伴随着城市发展出现的产物，城市园林绿化的核心功能正是通过人工栽植绿色植物，一方面给居民提供舒适、美观的生产、生活和休憩环境，同时作为城市绿色基础设施的重要内容，通过植物的各项生命代谢活动在一定程度上改善城市恶化的生态环境。因此园林绿化对提升人居环境质量具有重要意义。

　　一个城市高质量绿地的建设及维护，需要社会全方位的参与。除了政府相关的法规、政策和专业部门的规划、设计、施工及建成后的管理，调动全社会各方力量，比如土地权属单位、责任单位及居民个体树立生态环保理念，提升生态文明素养，爱护绿地并自觉地参与到维护城市绿化成果中来，才能从根本上维持好绿化的成果继而提升城市绿化的水平。如何全方位调动社会力量，则需要通过城市管理的路径来实现。

　　人类伴随着城市的发展，也在不断地探索着高效的城市管理手段。依托计算机、网络技术、3S 技术等应运而生的"数字城市"、"智慧城市"的概念和在世界范围内迅速开展的实践，已经为当代城市的发展产生了巨大的影响。我国在城市的信息化和数字化方面也进行了广泛的实践，取得了显著的成效。北京市朝阳区在这一过程中也不断探索，建立了基于数字化管理的全模式社会服务管理系统——"朝阳模式"，以无缝隙管理、合作治理、智能化管理为原则，以信息驱动管理法、网格化管理法、标准化管理法、精细化管理法、闭环控制管理法等构成的基于信息驱动的监督指挥、绩效管理和行政问责体系的系统管理方法，先后将消防安全、食品安全、社会保障、人口管理、单位管理、房屋管理、地下空间管理等纳入管理系统，并在此基础上向城市管理的纵深层面和精细程度发展，在关乎城市健康与城市风貌的城市绿化管理方面进行了卓有成效的探索。

　　2006 年，受朝阳区城市管理监督指挥中心委托，北京林业大学开始了朝阳区社区绿化数字化管理的研究。其目的一是数字化城市管理的绿化基础数据库的建设，二是建立社区绿化量化的评价体系，为精细化的绿化管理提供依据，并期望借助于数量化的评价，推进各级政府管理部门、社区绿地的各责任主体及社区居民个体对全区、各社区、门前三包范围等绿化整体情况从不同层级上能进行全面的了解和掌握，并实现以评促建，以评促管。

基于此，研究团队从城市绿地的基本构成特征及其应发挥的复合功能效益出发，首先构建了三个层级的评价体系。在该体系中，绿地基本构成如绿地的面积、绿化覆盖率、物种多样性和绿量的指标等，是一个城市绿化质量的基础，是绿化的各项功能效益发挥的基础，将其作为指标体系中的第一部分；景观效益和生态效益是城市绿化建设的根本目标，因此也被列入到评价体系中；最后，如何让绿地得到可持续的发展，维护其高质量，则需要良好的管理保障，制度和技术是管理的核心。考虑到本项目的特色，管理制度和技术的保障最终应体现在植物生长的状态这一客观的形象上，因此将植物生长指标也纳入到管理指标中，作为评价体系中的一个重要板块。这一评价体系即全面涵盖了城市绿地的基本构成、功能效益，又将管理的相关要素考虑进来，不仅全面，而且服务于城市管理的要求，具备良好的可操作性。

基于此评价体系，首先进行了社区绿化评价体系的建构、评价方法的研究和最终设计，并依托评价同步开展了绿化基础数据的收集，完成了数字城市的绿化基础数据库的建设。基础数据的采集和评价工作在朝阳区城市管理监督指挥中心的指导下，在北京林业大学的专业支持下，由北京前程图胜科技有限责任公司完成。评价系统 2007 年开始运行。项目进行过程中，又进行了基础数据实时更新的技术研究，不仅实现了绿化的量化评价，而且可以实时更新基础数据和评价结果。

2013 年，项目组开始进行生态效益评价的研究，按照前期构建的评价体系，进行了降温增湿、滞尘、降噪等 6 项生态效益指标的评价及评价方法的研究。考虑到生态效益评价所需的条件和技术复杂、工作量大及需要专业人员进行等问题，为了使得评价系统能具有更好的可操作性，更能有针对性地服务于城市管理的需求目标，研究在依据绿化指标的生态效益各指标研究的基础上，进行量化的评价；同时在对大量样点实测研究的基础上，将生态效益和绿化指标之间建立回归方程，使得各项生态效益的指标可以随着绿化指标的更新进行更新，简化了生态效益评价的技术流程，提升其可操作性。

对城市绿化在社区层面上进行量化的评价的工作，一方面让使得各级管理部门更好地掌握城市园林绿化的基本情况，真正做到精细化的管理并为正确的决策奠定坚实的基础，更为重要的是借助朝阳区数字城市的管理平台，使百姓从一个真实精准的角度确实了解自己生活的环境中绿地的基本情况及其各项效益，既是科学普及和生态文明教育的良好的依托，也激发居民重视绿化，爱绿护绿的积极性和热情，真正实现"以评促建、以评促管"，正契合了现代城市管理需要激发社区居民自治的发展方向。

社区绿化数量化评价体系的完成，标志着朝阳区的绿化管理发生了质的飞跃。尤其值得一提的是，朝阳区在新型社会服务管理的实践中，倡导引入市场机制，通过政府与企业、非政府组织合作的途径提供公共服务。具体到本项目，基于政府在城市管理方面对于社区绿化精细化和科学化管理的需求，依托高校的科研力量和专业优势进行相关技术的研发，同时通过市场机制将企业引入到项目相关的"生产环节"，例如基础数据的采集和更新、数量化评价的软硬件系统的开发等。也正是这样一种合作方式，才保障了项目的高效和顺利实施。基于项目的开发，科研单位不仅将已有知识和成果应用到实践中，而且依托项目的研究实现了人才培养和社会服务的双重效益。更为重要的而是，管理平台向社会开放提供的海量数据也同时为相关领域的科研奠定了良好的基础，具有巨大的潜在社会效益，真正实现了"政用产学研"的创新合作，是践行社会服务管理的"合作治理"又一成功案例。

当然，一个系统的建设也是不断完善的过程。此次我们将绿化评价和生态效益评价的相关成果分别编纂成册，《社区绿化的数量化管理》主要是介绍对朝阳区的社区绿化进行数量化评价的标准设计、基础数据采集方法、评价方法及评价结果示例等内容；《社区绿化的生态效益及其评价》则首先对国内外研究绿化生态效益的成果进行了综述，期望对于政府管理者、绿化建设者和普通居民提供有关绿化生态效益的相关知识，在此基础上，将我们对朝阳区社区绿化生态效益评价的方法、结果等进行了总结。这一成果的付梓出版，一方面是对项目阶段性的总结，同时也抛砖引玉，期待同行的批评指正，以便更好地完善系统，也期望借此推动全社会关注城乡绿化，并探索有效的管理途径以促进生态环境的建设。

项目进行过程中，北京市朝阳区城市管理监督指挥中心的各级领导和各部门的同志们不仅进行了全面指导，更是为研究的顺利开展承担了各个层面的协调和保障工作。北京前程图胜科技有限责任公司的总经理王中胜在项目进展和成果的编纂过程中在数据资料的提供等方面给予大力支持。北京林业大学园林学院自2006年始多届研究生参与该项目，包括郝培尧、张凡、马越、胡森森、夏冰、乔磊、李冲、廖胜晓、晏海、周丽等，参与生态效益评价的有范舒欣、郭晨晓、张皖清、祝琳、王超琼、李晓鹏、齐石茗月、韩晶、蔡妤等，其中范舒欣、李晓鹏、郭晨晓、张皖清、祝琳、齐石茗月、韩晶、蔡妤等在书稿的写作过程中也做了大量的工作。书稿出版过程中，中国建筑工业出版社的责任编辑兰丽婷倾力支持，在此表示衷心感谢。

文中引用前人的相关研究成果，我们都试图一一标注，若有遗漏，敬请赐教并致谢枕。文中错误不当之处，期待读者批评指正。

# 目　　录

# 第 1 章　绿化的生态效益

随着城市化的快速发展，城市人口急剧增加，城市规模不断扩大，导致城市生态环境遭到越来越多的人为破坏，极大地改变了城市近地面的物质与能量平衡，引发了众多环境问题。其中，城市热岛效应、大气污染等问题近年来表现十分突出，引起了人们的广泛关注。城市绿地作为城市建设中重要的绿色基础设施，在城市生态系统中具有自净能力和自动调控能力。绿地或城市植被在维护城市生态平衡和改善城市生态环境方面，发挥着其他基础设施不可替代的作用（张英杰等，2004），是城市生态系统的重要组成部分，具有诸多有益的生态服务功能。绿地可以通过植物的光合、蒸腾、蒸散、吸收、吸附、反射、分泌等功能，对其周围环境实现固碳释氧、降温增湿、抗污滞尘（$Cl_2$、$SO_2$、$CO$、粉尘等）、降噪抑菌、提高负氧离子含量、涵养水源、改善土壤等生态效益（苏泳娴等，2011；张岳恒等，2010），在改善城市生态环境，创造适宜的人居环境方面发挥着十分重要且不可替代的作用。不仅如此，城市绿地还具有防灾避险、科普游憩等社会服务功能，尤其是在节能减排方面的贡献可以转化为良好的经济与社会效益。

## 1.1　绿地与绿化

绿地作为植被生长、占据、覆盖的地表和空间，是指配合环境创造自然条件，种植乔木、灌木和草本等植物而形成一定范围的绿化地面或区域。城市绿地有狭义和广义之分。广义上的城市绿地包括园林绿地和农林生产绿地等，狭义是指被赋予一定功能与用途的绿化空间。

城市绿地系统的组成因国家不同而各有差异，但总的来说，其基本内容是一致的，包括了城市范围内对改善城市生态环境和生活条件具有直接影响的所有绿地。如日本的城市绿地系统由公有绿地和私有绿地两大部分组成，内容包括公园绿地、运动场、广场、公墓、水体、山林农地、寺庙园地、公用设施园地、庭园、苗圃试验用地等。美国城市绿地主要分为行道树和公园绿地（张岳恒等，2010）。英国城市绿地主要包括公共公园、共有地、杂草丛生的荒地以及林地（Pauleit& Breuste，2011）。在我国 1999 年和 2000 年制定的国家标准和行业标准中规定，城市绿地是以植被为主要存在形态，用于改善城市生态，保护环境，为居民提供游憩场地和美化城市的一种城市用地。根据我国建设部《城市用地分类与规划建设用地标准》（GB 50137—2011）的规定，绿地与广场用地（G 类用地）包括公园绿地（G1）、防护绿地（G2）和广场用地（G3）三个中类。而在《城市绿地分类标准》（CJJ/T 85—2002）中，城市绿地被分成了五个大类，G1为公园绿地，指向公众开放，以游憩为主要功能，兼具生态、美化、防灾等作用的绿地，包括综合公园、社区公园、专类公园、带状公园和街旁绿地五个中类；G2为生产绿地，是指为城市绿化提供苗木、花草、种子的苗圃、花圃等圃地；G3是防护绿地，指城市中具有卫生、隔离和安全防护功能的绿地；G4是附属绿地，即城市建设用地中绿地之外的各类用地中的附属绿化用地，包括居住绿地、公共设施绿地、工业绿地、仓储绿地、对外交通绿地等八个中类；G5为其他绿地，是指对城市生态环境质量、居民休闲生活、城市景观和生物多样性保护有直接影响的绿地，包括风景名胜区、水源保护区、郊野公园、森林公园、自然保护区、风景林地、湿地、垃圾填埋场恢复绿地等。目前这一绿地分类标准在行业中被广泛使用，为城市规划、景观规划设计、园林绿化等提供了合理有效的参考依据。

绿化是一个在生产实践过程中产生的词语，它主要是指栽种植物以改善环境的活动，包括国土绿化、城市绿化、道路绿化、社区绿化等方面。"绿化"一词起源于苏联，是"城市居住区绿化"的简称，在中国约有 50 年的历史。绿化是园林的基础，其注重植物栽植和实现生态效益的物质功能，同时也含有一定的"美化"意义。绿化通常包括种树、栽花、种草，有狭义与广义之分。在广义上，绿化即指全国乃至大地的绿化，囊括了城乡、山河绿色环境的保护与恢复以及人工种植大片的树木和花草；狭义的绿化是指在城市或某些特定区域种植绿色植物的行为，它与城市建筑、园林建筑相统一。绿化的本质是崇尚自然、回归自然，但其又是人工对自然的再造，因此绿化是经人工艺术再创造的自然美（俞宗明，2009）。随着城市化进程的不断扩张，城市化率不断提高，园林绿化行业也在稳步成长。

从城市管理者与普通城市居民的角度出发，绿化是一个范畴相对更广，含义也更为宽泛的词汇，更具有实用性与普遍性。为了更好地契合北京市朝阳区城市管理监督指挥中心所开展的系列绿化基础评价，以及伴随着社区绿化生态效益评价等工作的开展，在本书中，我们可以认为绿化与绿地，在城市管理的范畴下，其含义及其所描述的事物是一致的。

## 1.2　绿化的功能

### 1.2.1　实用功能

绿化为人们提供了舒适、有益身心的活动场所。随着经济的高度发展，城市里高楼林立，汽车尾气、工厂排放等使空气质量严重下降，人们离自然越来越远，工作压力的增大更易使人产生疲惫感与紧张感，各种环境诱发的疾病与日俱增，人们越来越关注良好环境的营造和身心健康的保持。通过种植园林绿化植物，可以为人们提供一个舒适、安静、放松的休憩空间。城市居民不仅可以在其中运动、休闲、举办活动，也可以互相交流。美好的绿化效果，不仅可以满足人们的观赏需求，其产生的负氧离子还对人们的健康有益，这也为清晨锻炼身体提供了一个很好的环境，为城市居民提供了活动乐园与幸福之地。值得一提的是近些年流行起来的康复花园，它对人们的生理和心理健康及恢复有非常重要的作用，可帮助病人尽早恢复健康、减轻使用者的压力、改善其生理和心理状况（杨欢等，2009），已逐渐应用到综合医院等医疗机构的附属花园、疗养院、康复中心、纪念园等花园设计中。

绿化赋予了绿地承载防灾避险的功能，在出现突发情况时，为疏散居民和度过危险期提供了场地保障。我国人口众多，地域广阔，自然地理环境较为复杂，灾害发生较多，城市防灾公园承担着避难场所、避难通道、急救场所、灾民临时生活的场所、救灾物资的集散地、救灾人员的驻扎地、倒塌建筑物临时堆放场等多种功能，在抵御灾害发生后引发的二次灾害和避灾、救灾过程中，均发挥着极其重要的作用（李景奇和夏季，2007）。

此外，在公路绿化中，乔、灌、草、花不同的种植方式和配置形式也具有一定的实用功能，如通过绿化种植来预视或预告公路前方的线性变化，以引导驾驶人员安全操作，提高快速行驶下的交通安全等（王连和韩树文，2009）。

### 1.2.2　美化功能

城市充满了建筑僵硬、冰冷的线条，好比一片灰色的水泥森林。运用科学合理的艺术手段将不同类型的植物搭配在一起，对美化城市具有重要的作用。首先，植物群体对城市起到装饰和美化作用。大量具有自然气息的绿色植物种植在城市中，柔和了僵硬的水泥森林、丰富了建筑群体的轮廓线，并可遮蔽丑陋的不雅之物，美化公园、广场、街道和市中心，成为城市一道亮丽的绿色风景线，愉悦人们疲惫的视觉感官。其次，不同花色、花期，不同高矮、株型的植物互相结合与补充，可增添趣味并延长绿化主体的观赏期，从不同层次、不同角度和不同时期上达到美化人居环境、美化市容的目的。再次，绚丽多彩的园林植物与功能各异的园林建筑小品、不同庆典节日主题等相结合，既点缀了城市重要的节点空间，丰富了景观、增添了生机，更烘托、美化并营造了特定场所或节日的氛围。最后，由于不同的气候特点和环境条件，不同地区本土生长的植物具有各自的特点，独具风情与韵味，大江南北婀娜多姿、丰富多彩的植物群落将不同地区的景观空间浓缩与艺术化，进而形成某地区特有的风景。或绿树成荫或百花齐放，或春去秋来或雨雪阴晴，一幅幅彩色画卷令人目不暇接、缱绻流连，共同装点着人类和其他生物赖以生存的这颗蓝色星球。

### 1.2.3 文化功能

从城市景观的构成分析来看，园林绿化常渗透到其他人文结合的城市景观中，并创造性地反映出园林绿化独有的特色，对历史文化遗存的保护产生了积极的作用，是体现文脉特色和独有风貌特色的一项重要建设。1992年世界遗产委员会第16届大会正式提出了"文化景观"（cultural landscape）的概念，将绿化的文化功能提升到了一个新的高度，进而一种结合人文与自然，侧重于地域景观、历史空间、文化场所等多种范畴的遗产对象丰富了人们对历史遗产的认识。总体来看，园林绿化渗透于人文景观所被赋予的文化功能主要体现在以下五个方面，分别代表着不同的文化内涵与景观类型。（1）彰显了特定历史时期不同地域的园林艺术风格与成就，例如苏州园林、清东陵、明十三陵等；（2）作为重要历史事件的见证或记录了相关历史信息的建筑遗址及地段遗址，例如圆明园，其代表着重要的社会文化意义，甚至高于其艺术成就和功能价值；（3）由使用者的行为活动所塑造出的空间场所，记载了历史城镇中进行的相关文化活动和仪式，代表着文化习俗在空间中的沉积，例如南京夫子庙庙前广场、安徽棠樾村牌坊群等；（4）展示历史的演变和发展、延续相应的社会职能，如历史村落、街区等，其由一组历史建筑、构筑物和周边环境组成，形成自发生长的聚落景观；（5）在大尺度上强调相关历史遗产之间的文化联系，如名胜区、文化路线等（李和平和肖竞，2009）。文化景观不仅是人类文化遗产的重要组成部分，也是当前和未来历史遗产保护的一个重要发展方向，而这其中，无处不渗透着绿色植物的倩影，甚至许多本身就是园林绿地。

随着园林绿化建设的不断发展与进步，也将唤起人类对生态和环境保护的重视，使人们在受益于绿化的过程中懂得爱护大自然。园林绿化的文化功能及其内涵覆盖多个领域，并将社会、文化和美学等联结起来，例如，文人墨客寄情于古典园林所创作的诗词歌赋在文学领域有极其重要的意义，画家、作家常从园林绿化和自然中吸取灵感，其创作的作品也在提升大众环保意识和科普教育方面有重要作用。从另一方面来看，园林绿地也为文化活动、科学活动的宣传提供了场地，丰富了人们的文化生活，起到科普教育的功能，达到陶冶大众情操、提高人类整体文化素质的目的，促进精神文明的发展。由此可见，园林绿化促进了人文景观的形成，并且有利于实现人与环境和谐共处这一绿化的终极目标。

### 1.2.4 生态功能

城市园林绿化在城市生态建设中被称作"城市的肺脏"。国内外城市园林绿化建设的实践和研究均已表明，城市内部的绿化在维持生态系统功能和改善城区环境方面具有非常重要的作用。

绿化具有维持城市生态系统平衡、保障生态系统良好运作的功能。首先，绿化组团为许多野生动植物提供了生息繁衍的场所，成为其栖息地，进而保证了生态系统的稳定和平衡，保障了城市的生物多样性和生物链的正常运转。其次，植物不仅为土壤微生物、食草动物等提供了生长环境，也为土壤中的分解者提供了营养元素，还具有减少地表径流、涵养水源等诸多生态功能，促进了生态系统的物质循环和水循环（图 1-1）。

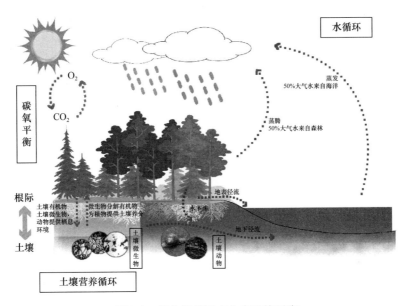

图 1-1　绿化维持城市生态系统平衡

绿化具有改善和调节城市环境的功能。绿化可以调节气候，具有降温增湿的效益，对于缓解城市热岛效应有显著的效果。城市中心因人口稠密，形成了严重的热岛效应，城市园林绿地中植物本身的蒸腾作用能消耗许多热量，诸多研究表明，植物通过叶片蒸发水分，达到调节湿度的功效，为人类创造了舒适的生活空间。不仅如此，绿化树种在夏季也能为行人和游客阻挡直射的阳光，防止西晒、降低风速，提高了环境舒适度；绿色植物可以固碳释氧、滞尘杀菌，使绿化具有净化空气的功能。随着城市人口的高度集中，工业和交通业的发展，排放的废气越来越多，不仅影响了环境质量，更损害了人们的身体健康，植物通过光合作用吸收二氧化碳释放氧气，达到净化空气的作用。植物对二氧化碳之外的其他有毒气体也具有吸收和吸附、滞纳作用，进而改善环境，促进城市生态的良性循环。物质能源的迅速消耗致使雾霾、酸雨等恶劣空气污染问题愈发严重，地表扬尘、工业排放、生物质燃烧等过程产生了大量严重危害人体健康的大气颗粒物，而植物正是城市颗粒污染物的重要过滤体，其通过滞留、附着和黏附三种方式滞纳粉尘，有效地降低了大气颗粒物的含量。通过绿化还可杀灭空气中有害的微生物、增加空气负离子的浓度，为人类健康提供了保障。除此之外，绿化还间接地具有减弱噪声的功能。城市工业高速发展的同时带来了大量噪声，而绿化林带可阻挡噪声的传播或者通过树叶的微振将噪声不同程度地消耗，成为减弱城市噪声的"消声器"（姜庆娟，2013）。园林绿化植物盘根错节的根系起到了紧固土壤、固定沙土石砾的作用，可以防止水土流失、山塌岸毁，保护自然景观。例如，1953年日本的一次大暴雨，在有竹林的长崎县福岛等地受灾就较轻，而在无树木竹林的石宅山下和农田等损失严重（俞宗明，2009）。绿化在降解有机污染物等方面也有显著效果，具有改良和修复土壤的作用。植被还具有拦截雨水、延缓径流等功效，使园林绿地成为调节城市雨洪的主要载体。近几年，随着城市水患问题的加剧，园林绿地在滞纳雨洪、净化水质中的生态价值也逐渐引起了广泛的重视（图1-2）。

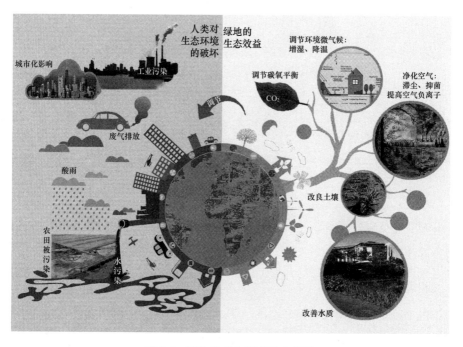

图1-2 绿化改善和调节城市环境

## 1.3 绿化的生态效益

在中国古典园林的植物配置中，人们关注的是植物的观赏特性、空间的塑造、文化寓意以及植物配置与诗情画意、建筑物的结合等方面。随着城市化进程的加快以及城市环境的恶化，城市管理者、规划设计师、相关学者等逐渐意识到园林绿地作为唯一具有生命力的"绿色基础设施"在缓解和改善环境问题中的功能，从而更加注重植物群落的营造以及生态效益的发挥，并运用生态途径来进行园林绿化规划设计。可以看出，园林绿化的目的和意义从古至今发生了巨大的变化，其具有的功能和评判标准也在随之而变。如前所述，绿化在改善和提升城市环境等方面具有诸多生态功能，并且不可替代，受到了学术界甚至城市管理建设者的广泛关注。近年来，城市化进程中各种环境问题的恶化也提升了民众保护环境的意识，城市居民不仅仅关心城市环境的绿化和美化效果，还更加关心城市绿地带给人的精神的愉悦和身体的健康，尤其是各地"生态园林城市"建设工作的纷纷展开，将绿化所具有的生态功能上升到了一个新的高度，这些功能为人类乃至整个生态系统带来了许多显著的生态效益。

生态效益的概念源于生态系统所具有的功能，而园林绿地使这些功能在城市中得以延续。生态系统功能分为自身运转功能和为人类提供服务的功能，自身运转功能包括物质循环、能量流动、信息传递和演替过程等；为人类提供服务相关的生态功能，是目前生态系统功能研究的重点和热点。土地利用的转变和城市化的扩展带来了诸如热岛效应、大气污染、土壤污染、水污染和生物多样性丧失等一系列的环境问题。城市绿地是城市生态系统的重要组成部分，发挥着重要的生态功能，为城市提供了诸多的生态服务，我们将其称之为绿化的生态效益。生态效益是利用生态系统的自我调节能力和生态系统之间的补偿作用，提高物种的再生能力，维持和改善人类赖以生存、生活和生产的自然环境以及生态系统的稳定性，使人们从中得到环境整体性的效益（田国行等，2001）。在我国，不同专家学者就生态效益的概念做出了相应的概括总结。早期，有学者提出生态效益是生态系统影响所及范围内，对人类有益的全部效益。它包括生命系统提供的效益、环境系统提供的效益、生命系统与环境系统相统一的整体效益，也包括由上述客体提供的物质和精神方面的效益。经济效益只是在生态系统的全部效益中，被人们开发利用的那部分效益，即表现为经济的那部分效益。

城市绿地生态效益是指园林植物在城市生态系统中对自然环境的保护与修复作用，包括美化城市、固碳释氧、涵养水源、调节气候、降温增湿、净化空气、滞尘杀菌、降低噪声污染、增加负氧离子和促进生物多样性等一系列有益的功能。许多研究证明，不同植物种类之间具有明显的生态效益差异，将城市园林植物作为城市植被整体来发挥其生态功能效益，以求为城市创造优质的生活游憩环境，不断完善人居环境建设，是城市发展建设所追求的主要目标之一。但是，国内的城市建设者近几十年来正面临着一个新的问题，一方面上至决策者、下至城市居民都在关注城市绿地的建设和使用；另一方面伴随着城市规模的日益扩大，城市土地的升值速度也愈来愈快，城市绿地的建设成本也就愈来愈高。解决上述矛盾，众多研究者认为应该依靠已有的理论成果及科技力量，在有限的绿地面积上，最大化生态效益，也就是尽可能地提高单位绿地面积的生态效益。这一共识的确立，将会极大地推动城市绿地生态效益的研究进程。

## 1.4 国内外相关研究进展

伴随生态城市概念的提出，建设与发展城市绿地所具有的生态意义与环境价值已经越来越多地受到人们的重视。目前，国内外针对城市绿地生态效益的研究已经逐渐成为景观生态学、城市园林生态学以及环境科学等学科的研究热点。开展生态效益分析，可以确切地估价植被对环境加以改善的作用和程度，同时为政府建设和管理城市绿地（生态补偿制度和补偿额等）提供参考依据和指导建议，这将更加有利于发展和保护城市生态系统。

目前，针对城市植被的生态效益研究仍处于起步阶段，相关研究开展较早也较为深入的国家有苏联、美国、日本等。20 世纪 50 年代末期，苏联先后提出一系列针对涵养水源、改善气候的生态效益评价方法。此后自 20 世纪 70 年代开始，国内外诸多学者就城市绿地消减城市热岛效应、维护城市生态系统平衡、提升城市生物多样性等相关领域开展了广泛的研究。

### 1.4.1 改善热岛效应调节小气候研究进展

国外对森林改善热岛效应和调节小气候的研究起步较早。早在 18 世纪，国外就开始了森林生态效益的研究。德国人 H. V. 卡洛维茨于 1713 年提出要重视森林环境效益，"没有森林人类将陷入贫困与匮乏"。19 世纪 30 年代初开始出现关于植物能改善环境的报道，20 世纪 50～60 年代得到大力发展；1962 年 R. 卡逊出版的《寂静的春天》、1972 年 D. L. 米都斯出版的《增长的极限》，使人们开始关注森林生态，重视森林的生态效益。关于林地改善小气候的研究是国外最早关于绿地生态效益的研究。19 世纪 30 年代初，Howard（1833）最早指出城市温度高于郊区，并分析了原因，这是国际上最早的绿化生态功能的报道。100 年后，在 20 世纪 30 年代，德国的 Tollnew 首次在维也纳作了城市广场、街道和林荫路等几种不同地区沿线昼夜温度观测，发现林荫路等绿化较好的地区昼夜温度比广场要低，说明绿化有明显的降温效益。20 世纪 50 年代，苏联进行了绿色植物改善城市热环境的研究，他们最早发现公园与花园内的空气含尘量比城市广场低。1972 年德国 Buge 的试验证明一株树每年蒸发 5m³ 水，每公顷森林每年产生 $28 \times 10^{12}$ J 的降温效益。树木由于树冠吸收和反射太阳辐射，使到达树冠下面的光照强度大大减弱。1993 年，日本通过测定植物单位叶面积蒸腾强度及计算潜热消耗量，得出植物对气温的改善能力的差别，此项研究是较早将效益评价由定性转向定量化的报道。

在国内，北京最早于 1950 年代开始进行林地与气温关系的研究。1970 年代后期，人们对绿化与生态的关系有了新的认识。从 1980 年代开始，植物生态效益、改善环境质量方面的研究有了深入和发展，并涉及植物生态效益的各个方面。1990 年代以来，对绿地改善生态质量方面的研究有了进一步的深入，如陈自新等（1998）对北京主要的 60～80 种绿化植物及其人工群落进行了生态功能性系列化研究，并对释氧固碳、蒸腾吸热以及滞尘、减菌、减污、抗污、耐荫、抗寒等系列功能进行了定量研究。进入 21 世纪，国内外学者针对建筑群的微气候环境展开了实测和研究，包括住宅小区、大学校园等（陈卓伦等，2008；李帅等，2010；刘世文等，2013），并将风、湿、热等小气候要素与人体舒适度及人群行为关系相结合，从而提出风景园林设计策略（刘滨谊等，2016）。

目前，植物改善城市小气候、降低热岛效应的研究覆盖了不同尺度和许多研究载体，总结为以下几方面：微观尺度上，基于植物蒸腾理论，对不同植被结构的小气候开展的观测和评价分析（蔺银鼎，2006）；小尺度上，以绿地斑块为研究单位对不同结构绿地内部小气候的分析和评价；中尺度上，以城市为单位运用 GIS 技术开展的城市绿地景观结构调节小气候效应的分析和研究；区域尺度上则对城市植被覆盖度与城市地表面温度的相关关系给予了关注。在研究内容上，国内外对绿地降温增湿效益的研究集中在降温增湿的能力及其影响因素（绿地面积、植物群落结构、郁闭度和树种），且较为深入，而时空变化规律和机理性的研究相对较少，垂直绿化和屋顶的降温增湿效益研究则刚刚起步（龙珊等，2016）。

### 1.4.2 改善空气质量及降噪研究进展

森林具有阻滞灰尘、净化空气的作用，苏联最早对绿地净化作用给予了肯定。他们发现，在植物生长季中，树林下的含尘量比露天广场的含尘量低 42.2%，花园、公园含尘量明显较低。1966 年德国汉堡有人测定了无树的城区与公园的空气含尘量，结果发现无树城区含尘量为 850mg/m³，而公园则为 100mg/m³，两者相差非常悬殊。Shecenl（1980）经试验证明，粉尘在枝叶表面保留一段时间后被雨水冲洗掉，因此叶片对灰尘的滞留作用是重复进行的。德国人 Back（1967）最早研究发现了常绿阔叶林有减低环境噪声的作用。随后，Cook（1972）和 Wendorff（1974）研究发现林带可减低噪声 10～20dB，并据此提出，采用防噪绿化带即种植浓密的人工林带可以很有效地降低城市噪声污染。日本近年调查表明，40m 宽的林带可以减低噪声 10～20dB，高 6～7m 的绿化带平均能减低噪声 10～13dB，一条宽 10m 的绿化带可降低噪声 20%～30%。

国内早在 20 世纪 50 年代就已经认识到植物改善空气质量的效益，并开始了相关研究，只是研究内容多限于污染对植物的危害和抗污染植物的选择，对林地生态功能方面的研究很少。对植物杀菌、滞尘效益的研究在 20 世纪 80 年代初期主要采取定点观测法，80 年代中后期研究方法有了较大突破。我国开始进行植物减噪方面的研究始于 1976 年，汪嘉熙等（1979）对南京市绿化减噪效应的测量开辟了我国植物减噪研究的先河。进入 1990 年代后，绿化改善空气质量的生态效益研究有了更加深入的发展。主要有两大特征：一是开始对植物生态效益产生的机理进行研究，如柴一新等（2002）对植物的叶片进行电镜扫描观察，并结合相关试验结果分析得到植物减尘作用的几种重要的滞尘方式：滞留、附着和黏附。二是大范围的整体性研究增多，植物生态效益的研究突破了以往小范围的、个体化的零散研究的局限，开始向更加宽广的区域发展，如陈自新等（1998）以北京城区园林绿化为研究对象，将城市绿地视为一个整体，全面系统地对大面积区域性的城市绿化的生态效益进行了研究。城市绿地的景观结构与滞尘效益的发挥也受到了关注，如周志翔等（2001）结合武钢厂区绿地的数目、面积、破碎化指数和空间结构特点研究了不同绿地结构的滞尘效益。植物对噪声污染的控制作用主要采用定点观测的研究方法来进行（褚泓阳等，1995）。植物杀菌效益的研究一般有两种方法，即室外自然沉降法和室内水插枝法，运用这些方法就绿地植物杀菌作用的研究取得了一定的进展。

近几年，空气微生物的采集方法发展迅速，从 1881 年延续至今的传统平皿沉降法到国际上标准 6 级的 Andersen 空气微生物采样器（AS）、微孔滤膜微生物气溶胶采样器（MF-45-2）等等，国内外学者已研制出不同原理和形式的多种空气微生物采样器，对空气微生物的主要类群、微生物浓度的时空分布特征、作用机理、不同群落的抑菌作用等方面进行了研究，研究对象甚至拓展到了办公场所，通过研究室内植物释放负离子的差异从而筛选出改善室内空气质量的优良保健植物（徐文俊等，2016）。但是对于人口密集的休闲活动空间研究较少，且不同树种、不同配置方式的抑菌作用还有待深入研究。滞尘效益的研究主要采取叶附灰尘总量测定的方法，现已进行到植物物种间差异性的研究。近年来，针对大气污染物 $PM_{10}$、$PM_{2.5}$ 的研究越来越多，主要是通过植物叶片的重金属含量来评价植物个体吸收污染物的能力（Gratani et al.，2008）。但与绿地的降温增湿效益的实测研究不同，由于技术上尚存在困难，目前城市绿地的滞尘效益和大气污染物吸收效益的研究多集中在物种个体水平上，群落水平较为欠缺，在未来的研究中有待加强。

### 1.4.3 城市化对绿地生物多样性的影响研究

城市化水平的提高，也带来了其他生态问题，其中城市化对生物多样性的影响，是人们关注的焦点，也是当前生态学研究的热点之一。我国学者在 20 世纪 80 年代就注意到了这个问题（石光裕和马克平，1982），继而不同学者就城市化对物种数量、空间分布、种类构成等问题开展了一系列研究。城市里面的先锋植物多为草本类，特别是能够忍受较高干扰程度的杂草和一年生草本植物，例如道路旁边和废弃工业用地生长的杂草，常常能够耐受较高的空气污染、践踏和碱性的、紧实的、富氮的土壤（Whitney，1985；Kinney，2006）。这一现象目前受到越来越多的重视，诸多学者研究了其在城市不同生境下的多样性和分布特征，并尝试将研究结果应用到植物群落设计中（Smith & Mark，2014；Cervelli *et al.*，2013；Shehu *et al.*，2013；Peter，2010；王阔，2014；田志慧等，2011）。近几年，园林建设发展迅速，城市美化水平提高，大量观赏性强的外来物种被引入，却也造成了本土植物物种的丢失、景观同质化程度高等诸多问题，如何构建稳定的本土植物群落，组建多样性丰富、维护成本低的植物群落，设计城市植物保护区的形状、位置和面积，进一步优化市域范围内的植物多样性格局，将成为城市植物多样性保护以及植物景观规划设计的重要内容。

## 1.4.4　城市雨洪管理及绿色基础设施建设

雨洪灾害是城市化进程中出现的另一个环境问题。城市化进程的加快使公路、街道和建筑等的不透水区域面积大幅度增加，改变了水环境的自然循环过程，导致城市雨洪问题频繁发生，因而雨洪管理近几年引起了我国学者及城市管理者的广泛重视。国外相关专家在 20 世纪 90 年代末就提出了低影响开发（low impact development，LID）暴雨管理技术，旨在从径流源头控制以代替传统的"终端处理"技术，提高了城市雨水利用效率，减轻了雨水引发的面源污染，实现了科学的城市水循环。目前，LID 技术在我国的应用逐渐广泛，在北京、上海等一线城市已出现了以城市雨洪利用为主旨的绿色城市排水系统实施方案，如北京奥林匹克森林公园的雨洪利用系统、国家体育场的屋面雨水排水系统等（王众正和杜翠珍，2016）。为了解决城市缺水问题，把有限的雨水留下来，改善城市生态环境，消除城市内涝隐患，建设自然积存、自然渗透、自然净化的海绵城市被提到国家战略层面。2014 年 10 月，住房和城乡建设部发布了《海绵城市建设技术指南——低影响开发雨水系统构建（试用）》。2015 年 1 月，启动了镇江、嘉兴、厦门、济南、武汉、常德、南宁等 16 个试点城市的海绵城市建设。但是，我国的城市雨水绿色排水系统的发展与国外相比仍有很大差距，缺少新方法和理论指导、技术落后、相关政策法律尚不健全、管理效果不佳，仅限在发达城市，没有形成系统的城市雨洪管理网络，在控制洪涝、利用雨水、改善水环境方面尚有很多问题有待研究。

## 1.4.5　生态效益评价研究进展

总体来看，国内外在生态效益方面的研究，大致上先后经历了由早期的定性描述向定量评价，由单因素分析向整体系统分析转变的过程。对于生态效益评价的研究工作，因森林具有物种构成相对简单、均质性高和破碎化程度低等特点，使早期的研究对象多集中于森林生态系统方面。后期随着相关的研究进展，其他类型生态系统效益评价也开始不断引起关注。如 Turner 等（2003）通过对湿地生态系统生态效益的研究，建立了湿地生态系统生态效益分析评价的理论框架等。American forests 从 1998 年起至今，已对美国的 Atlanta、New Orleans、Washington DC、Metro Area、Houston 等将近 20 个城市进行了城市生态系统的分析工作。国内学者对于城市绿地生态效益评价的研究相对开展较晚，其中最为系统全面的是陈自新等（1998）对北京城市绿地常用园林植物种类的生态功能效益进行了详细的量化研究，李延明（2002）对北京城市建成区内园林绿地的研究，通过测定分析实现对绿化生态效益的定量评价，制定了合理选择应用园林植物的综合指标。城市生态学、环境科学等领域的学者也从各自领域和角度，对城市园林绿地相关生态因子的变化规律及其相关影响因素等进行了研究探讨。区域微环境的评价也渗透到了建筑领域，例如《绿色建筑评价标准》（GB/T 50378—2014）纳入了绿地率、透水地面、热岛强度、风环境等评价指标，上海市工程建设规范《绿色建筑评价标准》（DG/TJ 08—2090—2012）则引入了绿地率、乔木比例和平均斑块面积等指标来评价降低热岛效应的等效，以反映绿地对于改善区域热环境的作用以及绿色建筑的等级。相对而言，目前学术界对于水体的微气候调节机理和评价的研究相对较少。

美国加利福尼亚大学 Kahn 教授在 2010 年出版的《气候城市》一书中提出了"城市竞争"的概念，即城市之间将推行各种政策和措施来改善环境与设施，让城市健康发展、更为宜居和更具吸引力。在气候变暖和空气质量下降的趋势下，提出气候变化背景下本地区应对极端气候灾难和改善空气质量的策略是研究绿地生态效益评价的关键目标。目前已有研究将主要树种的空间分布与其所发挥的生态系统服务功能同对城市居民的影响联系了起来。运用拉丁美洲最全面的城市公共树种信息系统的生态服务功能指标结合地理空间数据分析了波哥大城市绿地和各社会经济阶层的生态系统服务功能的结构、多样性以及供给量（Francisco et al.，2015）。未来生态效益的评价将更多关注居民和社会的参与及影响，以构建更为舒适的人居环境。

# 第2章 绿化的夏季降温效益

城市园林绿地作为城市生态系统的重要组成部分，在改善城市生态环境中的作用已毋庸置疑。温度是人体感受环境十分敏感的一项指标，园林绿地的组成主体绿色植物因其实体形态所带来的遮荫作用以及自身生理过程中的蒸腾作用，产生了重要的生态效益之一即降温效益，直接为气候炎热地区的市民户外活动营造了一个良好舒适的气候环境。因此，在城市绿化中，如何规划园林绿地、营造植物群落、选择植物材料从而更好地发挥其夏季降温效益，引起了国内外学者的广泛关注，并取得了一些阶段性成果，为缓解城市热岛效应和最大化实现园林植物降温效益提供了科学依据。

## 2.1 城市热岛效应

随着城市化的快速发展，城市人口急剧增加，城市规模不断扩大，导致城区建筑物面积快速增长，原有自然下垫面被彻底改变，加之人类活动和工业生产带来的诸多影响，形成了特有的城市气候，进而引发了众多环境问题。其中，城市热岛效应作为城市气候最为显著的特征一直备受人们的关注。所谓城市热岛效应（urban heat island effect），指的是城市中的气温明显高于外围郊区的现象。在近地面温度图上，郊区气温变化很小，而城区则是一个高温区，就像突出海面的岛屿，由于这种岛屿代表高温的城市区域，所以就被形象地称为城市热岛。城市热岛效应使城区年平均气温比郊区高出1℃，甚至更多。夏季，城市局部地区的气温有时甚至比郊区高出6℃以上。此外，城市密集高大的建筑物阻碍气流通行，使城市风速减小，由于城市热岛效应，城区与郊区形成了一个昼夜相同的热力环流。根据国内外学者的大量研究报道，世界上大、中、小城市，不论其纬度高低，位于沿海还是内陆，其地形、环境如何，都存在着城市热岛效应。以北京为例，1960～2000年间北京城市热岛平均强度接近1℃，增温率为0.31℃/10年，最近20年间暖冬和夏季高温更是异常明显（林学椿和于淑秋，2005；王喜全和龚晏邦，2010）。城市热岛对城市居民的生活质量、城市气候、城市生态环境等方面产生了一系列的负面影响。城市热岛效应使得城市白天气温迅速升高，但夜间降温却十分缓慢。同时，城市热岛会加剧空气污染，这些因素可能引起部分城市居民身体不适、呼吸困难、热痉挛、疲惫、非致命性中暑，甚至导致与热有关的死亡率上升，从而影响城市居民的身体健康和舒适度（Kinney，2008；Gosling *et al*.，2009；Tan *et al*.，2010）。此外，城市热岛形成的城市高温，还将增加夏季的能源消耗，从而增加污染物和温室气体的排放，严重威胁着城市的生态环境和可持续发展。随着全球气候变暖，热岛效应问题将更加突出和严重。

值得欣慰的是，绿色植被可以降低周围环境的空气温度，同时在微观和宏观尺度上降低城市热岛效应，改善城市热环境。这主要是通过植物的遮荫作用与蒸腾作用实现的。

## 2.2 植物降低温度的原理

### 2.2.1 植物的遮荫作用与降温效益

高大乔木形成的植物冠层可以有效拦截、吸收并反射一定的太阳辐射，借助自身的光合作用将太阳辐射能转化为化学能，使得到达地面及树冠下面的太阳辐射显著减少。通常太阳辐射直接加热空气的作用很小，每小时仅能上升 0.02℃，而太阳辐射到达地面后，加热地表并通过地表散热才是直接加热空气的主要热源，因此通常植物冠层制造"荫凉"的林下空间，降低小环境温度的作用十分明显。对行道树遮荫效果的研究表明，刺槐林荫内外日平均温差最大可达 4.5℃，悬铃木林荫内外平均温差最大可达 4.3℃，垂柳林荫内外也可达到 2.3℃的温差。这种通过遮荫效应实现的降温效果与植物冠层结构特征、枝叶疏密度和叶面积指数及叶片质地等均有关系。与此同时，在炎热的气候条件下，配植在建筑周围的树木可以通过遮挡建筑窗户、墙壁以及屋顶的太阳辐射和周围环境的反射辐射，从而改变建筑的能量平衡和制冷的能量消耗（Akbari *et al*.，1997；Kumar & Kaushik，2005；Mangone *et al*.，2014），产生降低温度的效益。

### 2.2.2 植物的蒸腾作用与降温效益

利用植物冠层的遮荫作用是降低小环境温度的有效措施之一，而植物实现对环境水、热调节的主要途径则是植物的蒸腾作用。

#### 2.2.2.1 蒸腾作用的生理意义

蒸腾作用是植物通过气孔及幼嫩角质层大量散失水分的过程，是植物重要的生理功能之一，同时也是植物对水分吸收和运输的主要动力。在植物体内，水分自土壤中由根系吸收获得，但是水分向上运输的主要动力来源即为蒸腾作用所产生的拉力。尤其是高大植物的树冠部分，其水分的获取，主要依靠叶片蒸腾作用的拉动。

蒸腾作用还促进了矿质元素在植物体内的运输。由于矿质盐类只有溶解于水中才能被植物吸收和在体内运转，而蒸腾作用是促进水分吸收和流动的主要动力，因此，矿物质可随水分的吸收和流动而被吸入和分布到植物体各部分中去。

植物对有机物的吸收和有机物在体内的运转也是如此。

除此之外,蒸腾作用能够降低植物体和叶片的温度。植物叶片在阳光下吸收的大量光能,除了有极少部分被植物的叶绿素所吸收用于光合作用外,绝大部分将转化为热能。如果叶片本身不具备降温能力,叶片表面温度过高会导致叶片被灼伤。而植物体在蒸腾作用过程中,水变为水蒸气时需要吸收热能,因此能够有效降低叶片表面的温度。适当地抑制蒸腾作用,不仅可减少水分消耗,而且对植物生长也有利(Peng *et al.*,2011)。而对于一些耐旱植物,叶片通常变异成细长的刺和白毛,以此来减少水分蒸发、降低蒸腾以适应干旱无水的生长环境。

### 2.2.2.2 蒸腾作用降温原理

当太阳辐射到达叶面时,约有 20% 的能量被叶片反射到大气中,透过叶片的热量一般仅为 10% 左右,而剩下 70% 左右的能量为绿叶所吸收,用来进行生理活动,其中就包括蒸腾作用。蒸腾作用是水分从活的植物体表面(主要是叶片)以水蒸气状态散失到大气中的过程,液态水变为水蒸气时需要吸收热量,从而降低了环境中的热量,使环境温度下降。由此,通过这种散热作用的不断积蓄,实现对周边小环境温度的调节。蒸腾作用受多种因素的制约和影响,除了遵循基本的物理学原理外,还与植物结构和生理作用有关,它比普通的蒸发过程要复杂。植物在高温低湿的环境中更易蒸腾失水,因为温度的增加、空气的干燥都可以增加水分通过气孔的蒸发速度,降温效益也更加显著。因此了解植物蒸腾作用的原理和影响因素,对于更加合理地利用绿化调节环境温度是非常必要的。

### 2.2.2.3 影响植物蒸腾作用的外界因素

影响植物蒸腾作用的外界环境因素主要有水分、温度、光照、风、土壤盐分等。

(1)水分

植物的蒸腾作用受水分的影响,主要包括大气环境湿度以及土壤水分。大气环境中的湿度越小,植物蒸腾作用表现越为明显;大气湿度越大,植物蒸腾作用则越弱;当大气环境湿度达到饱和状态,植物的蒸腾作用甚至几乎完全停止。与此同时,土壤中的水分出现不足时,会影响植物根系的水分吸收,在这种情况下,植物会通过减少蒸腾作用来保持自身水分充足。

(2)温度

在植物的生长过程中,随着大气温度的升高,植物的蒸腾速率会加快,反之则会减慢。这是因为环境温度的增加使得叶片内外的气压差增大,从而加速了水气的扩散。例如夏季植物的蒸腾量是一年中最大的,这就与夏季环境气温较高且植物生长状况较佳有关。

(3)光照

植物的蒸腾作用在很大程度上受到光照的影响,因为光照不仅影响植物气孔的开闭，也会影响空气温度的变化。如果光照强，则空气受到太阳辐射作用增温，导致环境温度升高，那么植物体的蒸腾量将会随之增加。另外在光照条件下，气孔才会张开以进行蒸腾作用。有研究表明，多种植物在中等光照强度下气孔开张程度最大。

（4）其他因子

风因子也会影响植物的蒸腾作用，这主要取决于环境风速。与静态空气相比，适当的环境风速可以通过带走叶片表面水分进而有效促进蒸腾作用，但当环境风速过大时，则会引起植物气孔的关闭以避免过度失水。

根据植物种类及土壤盐分浓度不同，盐分胁迫对植物蒸腾作用的影响也会有差异。若土壤含盐量低，则对植物蒸腾作用影响较小，尤其是喜盐植物；而土壤含盐量高对拒盐植物的蒸腾作用影响明显。

## 2.3 不同植物种类对环境温度的影响

绿地能够产生降温和增湿等一系列生态效应的一个主要原因是植物的叶面蒸腾作用和植被冠层的遮荫作用。由于园林植物的蒸腾作用，可以使其周围的环境温度比远离植物的地方更低，而其周围的湿度则比远离植物的地方要更高，且差别显著。绿地由于其内部的构成和植物自身种类的差异而具有不同的特征，如叶面的倾角、枝叶的密度和树冠的结构等以及不同的蒸腾强度，其相应的降温作用也存在明显差异。

一般来讲，导致植物个体之间降温增湿作用差异的主要原因有以下几点：

（1）不同的园林植物有不同的遮荫能力。树冠能够有效阻挡阳光进而减少辐射热，故不同树冠结构的树种有不同的遮荫能力。同时，不同的枝叶密度、不同的叶面倾角以及不同的叶片质地等都会致使不同树种有不同的遮荫能力。降低辐射热的能力随着遮荫能力的增强而增强。

（2）不同的园林植物有不同的叶面积指数。植物的叶面积指数随着其种类、物候和年龄的不同而变化。相应的，植物降温的能力也随着叶面积指数的不同而不同。通常情况下，植物叶面积指数越高，降温作用越强。各类园林植物叶面积指数总结如表 2-1。

各类园林植物叶面积指数范围 表 2-1

| 种类 | 草坪 | 高草 | 灌木 | 小乔木 | 中乔木 | 大乔木 | 特大乔木 |
|------|------|------|------|--------|--------|--------|----------|
| 范围 | 1~4 | 2~8 | 5~20 | 10~50 | 30~80 | 50~150 | >150 |

资料来源：引自吴菲等，2012。

其中草坪地被植物的叶面积指数如表 2-2 所示。

| 草坪地被植物叶面积指数 | | | | 表 2-2 |
|---|---|---|---|---|
| 种类 | 早熟禾 | 野牛草 | 麦冬 | 崂峪苔草 | 结缕草 |
| 数值 | 8.74 | 6.45 | 5.00 | 4.36 | 10.24 |

资料来源：引自吴菲等，2012。

（3）不同的园林植物有不同的蒸腾作用强度。蒸腾强度较高的植物物种周边，有较为明显的环境降温效益。例如，在落叶乔木中，白蜡的年蒸腾总量为327.51kg，栗树的年蒸腾总量为258.86kg，毛白杨的年蒸腾总量为14.38kg，不同树种间相差很大。透过北京地区 54 种常见植物的降温强度（吴菲等，2012），可以看出北京地区常见园林植物在降温强度上的排列差异。其中乔木的降温强度排序是：白皮松＞构树＞毛泡桐＞桧柏＞臭椿＞栾树＞白蜡＞馒头柳＞核桃＞元宝枫＞黄栌＞油松＞银杏＞毛白杨＞国槐＞刺槐＞玉兰＞绦柳＞合欢＞山杏＞雪松＞西府海棠＞榆树＞紫叶李（图 2-1）。灌木的降温强度排序是：荆条＞珍珠梅＞碧桃＞榆叶梅＞扶芳藤＞龙爪槐＞丁香＞金银木＞金叶女贞＞紫薇＞丰花月季＞早园竹＞锦带花＞紫叶小檗＞紫荆＞棣棠＞锦熟黄杨＞大叶黄杨＞迎春＞连翘＞蔷薇＞铺地柏（图 2-2）。地被的降温强度排序是：麦冬＞早熟禾＞玉簪＞马蔺＞野牛草＞萱草＞结缕草＞崂峪苔草（图 2-3）。

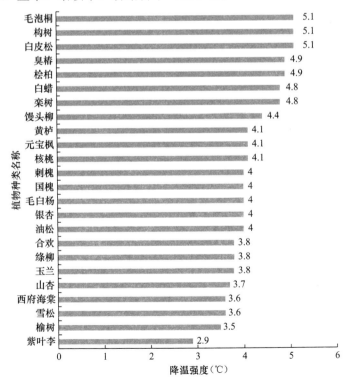

图 2-1　24 种北京地区常见乔木的降温强度（改绘自吴菲等，2012）

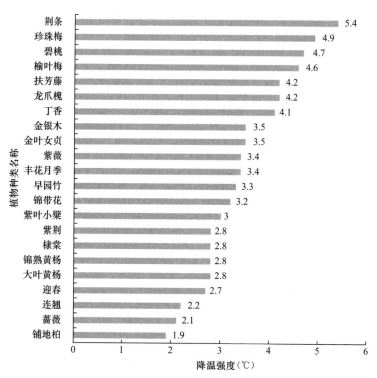

图 2-2　22 种北京地区常见灌木的降温强度（改绘自吴菲等，2012）

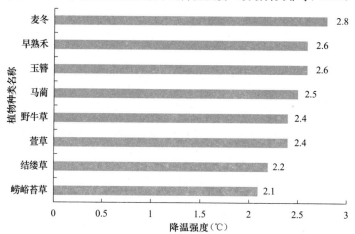

图 2-3　8 种北京地区常见地被植物的降温强度（改绘自吴菲等，2012）

## 2.4　不同群落结构对环境温度的影响

植物群落（plant community）是指生活在一定区域内所有植物的集合，它是每个植物个体通过互惠、竞争等相互作用而形成的一个巧妙组合，是适应其共同生存环境的结果，例如一片森林、一个生有水草或藻类的水塘等。每一相对稳定的植物群落都有一定的种类组成和结构。城市园林绿地虽然是人工建成的植被，其群落类型有人工化特征，与自然群落可能有较大差异，但其本质上是相似的。描述一个植物群落的基本特征，通常可以采用以下几个指标：(1) 群落结构。一般地，我们用群落中具有的乔木、灌木、草本这些层次来形容一个植物群落的基本构成结构，仅有一个层次的群落称为单层群落，具有两个及以上层次的群落称为复层群落。(2) 郁闭度。所谓植物群落的郁闭度是指林地树冠垂直投影面积与林地面积之比。以十分数表示，完全覆盖地面为 1。简单地说，郁闭度就是指林冠覆盖面积与地表面积的比例。(3) 平均冠幅。冠幅指树（苗）木的南北或者东西方向的宽度，与蓬径相类似，通常用于表示树木、苗木的规格。当描述一个群落时，一般使用平均冠幅指标。(4) 群落叶面积指数。叶面积指数（leaf area index）又叫叶面积系数，是指单位土地面积上植物叶片总面积占土地面积的倍数。即：叶面积指数＝叶片总面积/土地面积。当许多单一植物体构成了植物群落，由于植物群落的树冠能够对阳光进行有效的遮挡，且其蒸腾作用消耗热量，故能使绿地空间相比大气而言有较低的温度。因为冷空气比热空气气压要高，绿地中的冷空气会向绿地外的热空气处流动，在夏季能够促进绿地环境温度的有效降低，进而改善绿地周围的小环境，由于各个群落的郁闭度、平均冠幅和叶面积指数以及其自身生理活动产生的散热量等参数各不相同（秦仲等，2012），不同植物群落特征下所表现出的降温能力也有所不同，主要表现在以下几方面：

第一，不同群落结构的植物群落的降温增湿能力存在明显差异。与无植被覆盖的裸露城市环境相比，草坪的降温增湿效益不显著；灌-草、乔-草和乔-灌-草绿地的降温增湿效果显著。且在这其中，对环境降温能力最显著的绿化形式当属乔-灌-草复层结构，其中发挥作用最为突出的又当属乔木。高大乔木能够通过树冠产生遮荫效果。在炎热的夏季，绿地中浓密的枝叶既能够有效阻挡、减少太阳的直接辐射，又能够有效挡住和降低来自建筑物或其他构筑物的反射热，从而有效降低地面的长波辐射热。且乔木蒸腾作用强度远大于灌木与草本。研究表明，高大的乔木其强烈的蒸腾作用和热量散失将有效地降低太阳直接辐射热的 60%甚至 90%（胡永红等，2006）。因此，有乔木层配置的植物群落在降温增湿效益方面一般表现突出。

第二，植物群落的降温能力与其郁闭度有着极其显著的正相关关系。较大的郁闭度对降温率有着积极的促进作用，因为群落郁闭度越大，遮挡太阳辐射的能力也越强，能够有效降低太阳辐射热进入群落内部，故而使群落内温度显著降低。与此同时，较大的郁闭度能够促进植物的蒸腾作用，其散失而出的水分也能够使群落内部温度有效降低。一般降温能力强的植物群落均有个共同点即郁闭度大。浓密的枝叶对其蒸腾作用和散热非常有利，故而使其群落内部温度要低于外部对照。

第三，植物群落的降温能力与其平均冠幅有着显著的正相关关系。因为群落平均冠幅增大，群落遮挡地面的能力也随之增大，则太阳直射和周边环境引起的反射等都将被显著减少，从而有效地降低群落内部温度，也即增强群落的降温能力。

第四，植物群落的降温能力与其叶面积指数也有一定的正相关关系。因为绿地降温作用主要是依靠植物的蒸腾消耗热量、降低辐射平衡以及削减乱流热变换量等机制来实现，而叶面积指数的高低仅是次要影响因素。北京林业大学董丽教授团队（2012）研究发现树木群落的冠层特征（叶面积指数、冠层盖度和天空可视因子）对群落内的小气候有重要调节作用，群落的叶面积指数和冠层盖度越大，则群落内的空气温度也越低（附录 C）。

除了基于绿化植物本身与群落构成差异造成的降温作用差异外，外界气象调节也是主要影响因素之一。不同植物种类在不同自然条件下的降温作用有所不同，在阴雨天，乔木、灌木以及草坪三者降低环境温度的作用均表现较弱，甚至没有；低温天气即地表温度低于 10℃时，三者的降温作用同样均不显著；而当存在太阳辐射时，通过同时测定相同区域内的裸露地表温度和草坪、灌木表面温度以及树下温度，发现乔木的降温作用最为显著，而灌木和草坪的降温作用则不如乔木（冯玉元，2004）。

此外，随着一天的时间变化，植物的生理活动也是不断变化的，并且不同植被类型所能达到的降温增湿效益也有所不同，研究发现植物群落在 13：00～14：00之间的降温增湿能力最佳，且在此时其他植被类型与草坪的降温增湿能力相差最为悬殊；而在 16：00～17：00 之间各个群落的降温增湿能力差异最小。同时还发现有 18％的植物群落降温的能力低于草坪，45％的植物群落增湿能力低于草坪（秦俊等，2009）。其中降温增湿能力最强的是针叶林、针阔混交林以及竹林，日均降温高于 2.3℃，日均增湿能力大于 12.4％。

## 2.5　不同绿地特征对环境温度的影响

### 2.5.1　绿地面积（规模）对环境温度的影响

绿地面积对环境温度也有不可忽略的影响。在对居住区的绿地景观格局和气温研究中发现，绿地平均斑块密度、平均斑块面积均对气温有一定影响，具体表现在小区室外气温随着绿地平均斑块密度降低而降低，随着绿地平均斑块面积增大而降低（李成，2009）。因为绿地斑块密度的降低以及平均斑块面积的增大能够提高绿地的整体性和连通性，这二者的提高能够使绿地中的热流有更好的流通性，也即能够与植物更充分地接触，而植物本身的生理机能可以消耗这些充分接触的热流，以达到有效降低气温的目的。

城市绿地达到一定面积同样能够对其周围的建筑区起到一定的降温作用。对北京奥林匹克森林公园的研究表明，公园区域的空气温度比周围城市环境的温度更低，其相对湿度也比周围城市环境的湿度要高。其中降温效益最显著的时间是在午夜，最大降温高达 4.8℃，平均降温达 2.8℃。绿地降温效应不仅对绿地产生影响，还能影响至周围的城市空间。在对北京 24 个公园及其周边地区的研究中发现，空间分辨率尺度为 100m 时，北京大多数城市绿地斑块对其周边 100m 范围内的建筑均能产生降温效益。且绿地斑块的一系列参数和植被覆盖度不与其周边建筑物的降温量呈显著的相关性（栾庆祖等，2014）。

对降温强度与降温范围起重要作用的是绿地面积。目前各学者对绿地发挥稳定降温效益所需要的最小面积尚无定论。前人在对台北 61 个公园的研究中曾有发现，公园发挥稳定降温效益的最小面积约为 3hm²（Chang et al.，2007）。在研究城市绿地面积的温室效应时发现，当绿地面积为 1～2hm² 时，具有一定的增湿效益但降温效益不突出；当绿地面积为 3hm² 时，其降温增湿效果较明显；大于 5hm² 时，降温增湿效果极其明显且恒定（吴菲等，2007）。另有研究发现，绿地面积为 0.24hm² 时也表现出显著而且稳定的降温效益（Oliveira，2011）。

### 2.5.2　绿地绿量对环境温度的影响

研究表明植被覆盖率越高热岛比例越低，即二者之间呈负相关关系。较高的植被覆盖率能够有效缓解热岛效应（李延明等，2004）。当植被覆盖率高于 30% 时，绿地即对热岛效应开始起到削弱的作用；当植被覆盖率超过 30% 甚至更高时，绿地可以更加有效地控制热岛效应。

### 2.5.3　绿地周边水环境对环境温度的影响

不仅是绿地本身，园林绿地中还时常伴有水景。当绿地达到一定面积（0.13km² 以上）且同时有水域存在时，绿地面积的增加将对其温湿效益的影响微乎其微，而水域面积则成为影响增湿效益的最大因素（王红娟，2014）。研究表明，公园绿地对周边温度的影响范围与园内的水体面积和林地有着显著的正相关关系，其中水体面积的影响要大于林地，而其与绿量的相关性并不显著。

总体而言，公园的内部温度影响因素主要有公园内的三维绿量、硬质地表比例和水体面积。三维绿量和水体面积越大，即硬质地表或建筑的比例越低，园内"冷岛效应"越显著。公园景观能够对其周边的热环境起到较为显著的缓解作用（李成，2009）。另外，园内绿地斑块形状的复杂程度以及绿地和硬质地表的分散布置都对周边范围温湿有影响。

## 2.6　通过绿化提高社区夏季降温效益的途径

如前所述，绿化植物的降温效益与绿地面积、绿地覆盖率和叶面积指数、郁闭度等有着不可忽略的影响。因此，必须把重视和搞好社区整体绿化摆在首位。

鉴于居住区的室外气温有随绿地平均斑块密度降低而降低、随绿地平均斑块面积增大而降低的整体趋势，因此，为提高社区绿化的夏季降温效益，可在有限的社区空间内有效地增加绿地面积，并在三维空间上通过乔、灌、草不同层次结构的搭配，提升整体绿量与覆盖率。当植被覆盖率高于30％时，绿地即对热岛效应开始起到削弱的作用；当植被覆盖率超过30％甚至更高时，绿地可以更加有效地控制热岛效应（李延明等，2004）。同时，垂直绿化和屋顶绿化等措施也是在拥挤的城市环境内变相增加绿地面积的有效措施。墙面绿化与屋顶绿化在建筑节能减排方面作用显著，通过立体绿化和屋顶绿化等设施来增加绿地总量，进而提高其生态效益。因此，可以通过提高社区整体绿化水平（绿化面积、绿化率）来有效降低热岛增暖率，正如诸多研究中已被证明的一样，以高大乔木为主的高郁闭度绿化空间，其降温水平较高，改善小环境效果明显。也就是说，只有重视和改善社区整体绿化水平，才能更为有效地提升绿地降温能力。总体来说，重视和搞好社区绿化，可以促进和提高所有绿化生态效益单项指标，包括后几章详述的增湿、滞尘、降噪、改善大气微生物等效益。同时，从美学上讲，绿色植物所具有的景观效果，还能提高环境美景度，有百利而无一害。通过改善和提高社区绿化的整体水平，在有限的社区环境空间内通过增加绿化面积，在楼间宅旁、社区干道及活动区域开辟更多的绿化空间，从而提高绿化率、调整绿化结构。此外，对应不同的功能空间，应设置不同层次建构的绿化群落，以合理提升社区绿量，这是优化社区绿化最核心的内容。

另外，还需重视常绿与落叶植物的合理搭配。受气候条件的限制，我国北方地区的自然木本植物群落以种类丰富、数量极多的落叶乔灌木为主，而常绿树的种类极其有限，且大多是针叶树（油松、华山松、圆柏、侧柏、青杆等）。因此，常绿植物在"先决条件"上就处于劣势地位，加之以往植物景观的配置侧重植物的观赏特性而忽略了其所具有的生态功能，因而在社区绿化规划设计中，多采用春花烂漫、夏树成荫、秋叶炫彩的落叶乔灌木，甚至，常常出现一些社区基本见不到常绿树种栽植的情况。以北京地区为例，冬春季节大多数落叶树种均已落叶或未展叶，此时环境中具有生态效益的绿色植物少之又少，并且缺乏绿色植物所形成的具有生命气息的景观，造成植物景观营造模式在科学性和艺术性上均不到位。许多研究已表明常绿树种具有诸多有效的生态效益功能，在冬春季节仍能继续发挥许多生态效益，由此可见，在进行社区绿化群落配置时，应当将常绿与落叶树种的搭配纳入考虑。首先，常绿与落叶的搭配比例对于植物景观空间的塑造、植物景观季相变化和生态效益的发挥等方面非常重要，不同地区的相关研究也提出了适合于本地的比例，如许多北方城市提出常绿乔木与落叶乔木种植比例应为 3：7（苏喜富，2009）。其次，应选择一些常用、适生的常绿针叶树种加以推广应用。近年来，随着热岛效应的出现，一方面威胁着生态环境，一方面也为一些常绿阔叶树的引种驯化带来了可能，在小气候良好的条件下，洋常春藤、大叶黄杨、凤尾兰、女贞等常绿阔叶树种的栽培在北方地区也更为广泛，尤其是在高档住宅区植物景观中。这类植物可以少量地应用，但考虑到其自身生长习性和北方地区的景观地域性，植物景观营造的主体依然以常绿针叶乡土树种为主。

改善群落结构也是有效手段之一，不同的植物群落结构所表现出的降温能力有所不同。如前所述，郁闭度越大，结构层次为复层的群落，遮挡太阳辐射的能力也越强，能够有效降低太阳辐射热进入群落内部，故而使群落内温度显著降低。与此同时，较大的郁闭度能够促进植物的蒸腾作用，则其散失的水分也能够使群落内部温度有效降低。群落平均冠幅越大，群落遮挡地面的能力也随之增大，则太阳直射和周边环境引起的反射等都将被显著减少，从而有效降低群落内部温度，也即增强群落的降温能力。由于植物群落的树冠能够对阳光进行有效的遮挡，且其蒸腾作用消耗热量，故能使绿地空间相比大气而言有较低的温度。对环境降温能力最显著的绿化形式当属乔灌草复层结构，而其中发挥作用最为突出的又当属乔木。例如：综合来看，构建以高大乔木为主，结合灌木草本型的绿地群落，使其郁闭度达到 60% 以上可以有效地缓解局部环境的夏季炎热问题。在社区绿化的规划设计和后期养护完善阶段，有针对性地、合理地进行群落结构配置，可以实现对环境降温增湿能力的提高。但值得注意的是，就环境空气质量整体情况来看，一味地多种、猛种也是不科学、不合理的，适度通透的乔-灌-草复层结构与郁闭度较高的乔-草结构才是最为理想的群落结构，建议各社区在进行绿化完善与建设时，应多加选择应用。

在进行社区绿化规划建设时，选择降温能力较强的植物物种，可以显著提升单位面积绿地的降温增湿效应。相关研究已表明，不同植物物种具有不同的降温增湿能力。园林植物降低辐射热的能力随着遮荫能力的增强而增强。其降温能力还与叶面积指数和蒸腾能力有关，因此在选择树种时应尽可能选择那些遮荫能力强的以及有合适的叶面积指数和蒸腾能力的树种。一般来说，乔木的降温能力最强，而灌木和草坪的降温能力弱于乔木（冯玉元，2004），因此，在社区绿化中需要构建热环境舒适度较高的绿化空间，选用降温能力强的乔木树种就显得尤为必要。

最后，配合绿化可适当增加一些水景观。当绿地达到一定面积且同时有水域存在时，绿地周围的温湿效益将很大程度上取决于水域面积。因此可以在园林或社区绿化建设中适当增加一些水景观，例如一定面积的静水面或喷泉、瀑布等动态水体景观。这样不仅能够通过蒸发作用有效增加绿地整体降温增湿效益，还可以通过动态水景观释放出足够多的自由电子与大气中的氧分子结合形成负离子，进而洁净空气，清除空气中的灰尘和一些有害粒子。这样，既可以使景观空间具有多样性和美观性又可以改善空气质量，满足人们的亲水需求，从而提高环境的生态宜居性。

# 第 3 章 绿化的增湿效益

城市中充斥着大量的不透水铺装场地以及钢筋混凝土建筑，在导致热岛效应的同时，降雨径流损失严重，造成城区环境中水分偏少、湿度较低，这种现象在气候干旱缺水的城市更为严重。植物的蒸腾作用通过吸收热量并向大气中释放水蒸气从而具备了增加空气湿度的功能，改善城市环境湿度效益显著。诸多学者已针对不同绿地类型、不同下垫面、植物群落组合模式及主要绿化树种的增湿效益进行了研究，使得园林绿地和绿色植物增加湿度的原理、影响因素及产生的效益越来越明晰，研究成果也在逐渐应用到园林植物景观规划设计中。

## 3.1 "城市干岛"与"城市湿岛"

城市"干岛效应"是伴随城市"热岛效应"逐渐被大家熟知的一个关于城市热环境变化的词汇，与热岛效应通常是相伴存在的。由于城市主体是连片的钢筋水泥筑就的不透水下垫面，降落地面的水分迅速形成径流，大部分都经人工铺设的管道排至他处，缺乏天然地面所具有的土壤和植被的吸收及保蓄能力，因而平时城市近地面的空气就难以像其他自然区域一样，从土壤和植被的蒸发中获得持续的水分补给，导致城市空气中的水分偏少，相对湿度较低，进而形成孤立于周围地区的"干岛"，这是城市气候普遍的特征。这种现象的形成与下垫面因素又与天气条件密切相关。在白天太阳照射下，城市下垫面由于绿地面积小，可供通过蒸散过程而进入低层空气中的水汽量小，因此，城区内环境相对湿度明显小于郊区。特别是在盛夏季节，郊区农作物生长茂密，城郊之间自然蒸散量的差值更大。城区由于下垫面粗糙度大（建筑群密集、高低不齐），又有热岛效应，其机械湍流和热力湍流都比郊区强，通过湍流的垂直交换，城区低层水气向上层空气的输送量又比郊区多，这两者都导致城区近地面的水气压小于郊区，形成"城市干岛"。到了夜晚，风速减小，空气层结稳定，郊区气温下降快，饱和水气压减低，有大量水气在地表凝结成露水，存留于低层空气中的水气量少，水气压迅速降低。城区因有热岛效应，其凝露量远比郊区少，夜晚湍流弱，与上层空气间的水气交换量小，城区近地面的水气压乃高于郊区，产生"城市湿岛"。这种由于城郊凝露量不同而形成的城市湿岛，又被称为"凝露湿岛"，且大都在日落后若干小时内形成，在夜间维持。在日出后因郊区气温升高，露水蒸发，很快郊区水气压又高于城区，即转变为城市干岛。在城市干岛和城市湿岛出现时，必伴有城市热岛，这是因为城市干岛是城市热岛形成的原因之一（城市消耗于蒸散的热量少），而城市湿岛的形成又必须依赖于城市热岛的存在。城区平均水气压比郊区低，再加上有热岛效应，其相对湿度比郊区更低。以上海为例，上海 1984～1990 年，年平均相对湿度，城中心区不足 74％，而郊区则在 80％以上，呈现出明显的城市"干岛效应"（周淑贞和王行恒，1996）。

## 3.2 绿化增加环境湿度的原理

大量植物的蒸腾作用可以增加空气湿度。如植被茂密的山区，清晨有团团水雾笼罩，这些水雾主要是由植物蒸腾而来，大面积的蒸腾作用可以增强降雨量，如南方的热带雨林地区，通过经常下雨地面水与空中水反复循环，稳定了本地区的水源。植物的蒸腾作用可以增加环境空气的相对湿度，特别是对北方地区干旱的秋、冬、春季节。

向大气释放大量的水蒸气是植物的蒸腾作用带来增湿效益的本质原因。植物在吸收热量蒸腾散水的过程中，提高了空气湿度。由此可见，植物的叶面蒸腾是绿地产生降温增湿效益的主要原因。阳光越强，温度越高，植物的叶面蒸腾拉力越强。在蒸腾的过程中，通过水分的升华，吸收更多的热量，同时向空气释放更多的水蒸气，从而起到降温增湿的作用（吴菲等，2012）。因此，植被的降温增湿效益常被相提并论。

一般来说，叶片向大气蒸腾水分的速率比叶片同时从周围大气中吸收 $CO_2$ 的速率高 2 个数量级（李倩和谭雪莲，2006），一些作物的叶片在 1 天内通过气孔蒸腾的水量约为叶重的 10 倍（崔兴国，2002）。植物幼小时，暴露在空气中的全部表面都能蒸腾，成长植物的蒸腾部位主要在叶片。叶片蒸腾有两种方式：一是通过角质层的蒸腾，叫作角质蒸腾；二是通过气孔的蒸腾，叫作气孔蒸腾，也是植物蒸腾作用最主要的方式。植物能通过气孔的开闭来控制气孔蒸腾的量。大多数植物的气孔是由两个肾形的保卫细胞构成的，保卫细胞的内外壁厚度不同，靠气孔的内壁厚，而背着气孔的外壁薄，因而当保卫细胞吸水膨胀时，较薄的外壁易于伸长，细胞向外弯曲，气孔张开；当保卫细胞失水体积缩小时，胞壁拉直，气孔即关闭（图 3-1）（李翠英，1996）。

## 3.3 不同植物种类对环境湿度的影响

不同植物种类之间由于蒸腾作用强度的不同，其对周边环境空气相对湿度的

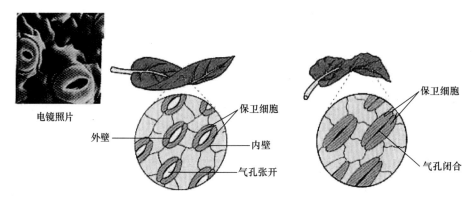

图 3-1  气孔的张开和闭合（引自生物百科）

影响作用也有所不同，蒸腾强度较高的植物物种周边，有较为明显的环境增湿效益。但值得注意的是，大部分植物蒸腾作用引起的最强降温增湿效益条件为相对湿度不超过 60%，周围温度维持在 35～37℃之间。当空气的相对湿度超过 60%时，由蒸腾作用机理可知内外蒸气压将有效降低植物的蒸腾作用，其降温能力也随之降低（高凯，2007）。以北京地区为例，有学者研究了 54 种常见园林植物的增湿强度（吴菲等，2012），发现其存在显著差异（图 3-2～图 3-4）。

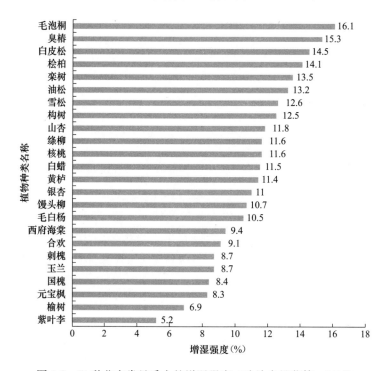

图 3-2  24 种北京常见乔木的增湿强度（改绘自吴菲等，2012）

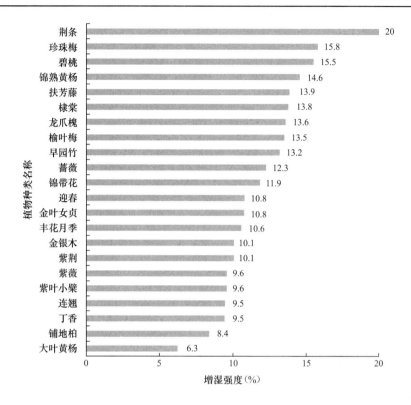

图 3-3  22 种北京常见灌木的增湿强度（改绘自吴菲等，2012）

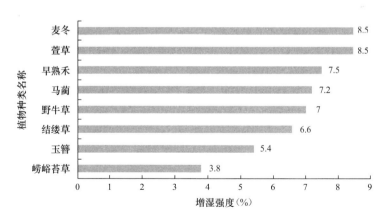

图 3-4  8 种北京常见地被植物的增湿强度（改绘自吴菲等，2012）

表 3-1 和表 3-2 中列出了主要乔木和灌木增湿效益的聚类结果。乔木的增湿幅度可达 24.7%，雪松、构树、毛泡桐有很强的增湿效益；灌木中荆条增湿幅度可达 28.2%，增湿效益很强，较强的有早园竹、碧桃、棣棠等。

| 乔木增湿作用 | | | 表 3-1 |
|---|---|---|---|

| 增湿效益 | 增湿幅度 （%） | 乔木类别 | |
|---|---|---|---|
| | | 常绿 | 落叶 |
| 强 | 24.7～20.7 | 雪松 | 构树、毛泡桐 |
| 较强 | 19.9～15.9 | 白皮松、油松 | 银杏、玉兰、白蜡、绦柳 |
| 中等 | 15.4～12.6 | 桧柏 | 毛白杨、山杏、西府海棠、栾树、臭椿、合欢、馒头柳、核桃、黄栌 |
| 弱 | 10.3～6.2 | | 榆树、紫叶李、刺槐、国槐、元宝枫 |

资料来源：引自吴菲等，2012。

| 灌木增湿作用 | | | 表 3-2 |
|---|---|---|---|

| 增湿效益 | 增湿幅度 （%） | 灌木类别 | |
|---|---|---|---|
| | | 常绿 | 落叶 |
| 强 | 28.20 | | 荆条 |
| 较强 | 19.5～14.4 | 早园竹 | 碧桃、棣棠、连翘、龙爪槐、榆叶梅、珍珠梅 |
| 中等 | 14.1～10.3 | 锦熟黄杨 | 丁香、丰花月季、金银木、锦带花、迎春、紫荆、紫薇、紫叶小檗 |
| 弱 | 8.8～6.2 | 大叶黄杨、铺地柏 | 金叶女贞 |

资料来源：引自吴菲等，2012。

## 3.4 不同群落结构对环境湿度的影响

### 3.4.1 垂直结构对环境湿度的影响

绿化植物群落的层次结构不同，对周边环境的增湿效果也会有很大差异，这主要是由于不同结构的群落，其内部叶量不同，可产生的蒸腾作用也不同。同时，不同结构层次的群落内部的通风条件、遮荫条件存在差异，不同程度地影响了其内部的湿度环境。有研究表明，草坪结构群落增湿效益不显著，灌-草结构、乔-草结构和乔-灌-草结构群落的环境增湿效果显著（刘娇妹等，2008；秦仲等，2012），其中覆盖率较高的乔灌草复层结构群落，由于种植密度较大，结构复杂，郁闭度较高，对其周边的环境增湿效益的空间影响范围较大，更明显优于其他结构。

### 3.4.2 郁闭度对环境湿度的影响

郁闭度是指森林中乔木树冠遮蔽地面的程度，它是反映林分密度的指标。简单说来，郁闭度就是指林冠覆盖面积与地表面积的比例。这个指标也用来评价园林绿地的乔木种植密度。通常而言，0.7（含 0.7）以上的郁闭林为密林，0.20～0.69 为中度郁闭，小于等于 0.1～0.2（不含 0.2）以下为疏林。在群落中，郁闭度可以间接地反映群落的葱郁程度，郁闭度高则说明群落中的乔木茂盛，林冠覆盖面积高，反之则说明乔木稀疏，林冠覆盖面积低。

相同群落结构条件下，绿地的增湿效果随着郁闭度的增加而增加，当绿地郁闭度为 10%～31% 时，绿地具有一定的增湿与降温效果，但不明显；当郁闭度超过 44% 时，绿地的增湿与降温效益均显著；当郁闭度超过 67% 时，绿地降温增湿效益仍显著且逐渐趋于稳定（朱春阳等，2013）。

然而，绿地郁闭度对环境相对湿度的影响存在季节性，这主要是由于植物的生长具有季节性周期变化。有学者在对北京清河地区不同郁闭度的沿河绿地进行研究中，分析了不同郁闭度绿地与温湿度效应之间的关系，研究结果如图 3-5 所示。春、夏、秋三季环境湿度随着郁闭度的增加而增加；但冬季相反，环境湿度随着郁闭度的增加而减小。春、夏、秋三季降温效益排序为：夏季＞秋季＞春季（蔺银鼎等，2006）。绿地内部的降温增湿效益主要由于植物的蒸腾作用产生水蒸气而增加环境湿度。郁闭度间接反映了植物的绿量，叶片越多蒸发量也越大，增湿率也就越高。另外，春、夏、秋三季植物处于不同的生长时期以及具有不同的基础温度，这导致其蒸发量也有所不同。一般来说夏季是植物生长的旺盛时期，叶片多而大，光合作用与蒸腾作用强，因此增湿率也就较大。

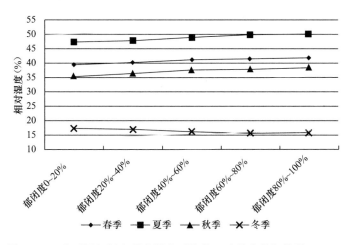

图 3-5  四季不同郁闭度群落湿度平均值（改绘自蔺银鼎等，2006）

## 3.5  不同绿地特征对环境湿度的影响

### 3.5.1  绿地面积（规模）对环境湿度的影响

相关研究曾表明，绿地的增湿效益与绿地面积间存在显著的相关关系。在中小尺度上，城市绿地的增湿效益是随面积的增大而上升的。但是当面积达到一定程度后，环境空气湿度将不再有明显的改变，而是维持在某一个相对稳定的水平。与此同时，增湿效益受到绿化覆盖率、绿地形态等因素的影响，绿化覆盖率越高，干旱季节绿地的增湿效益越为明显。绿地周长面积比是描述绿地形态的一个指标。有研究发现，当绿地面积一定时，周长与面积比越大的绿地由于其具有更大的接触界面，与非绿地空间之间的能量与物质交换更为活跃（蔺银鼎等，2006），即对其周边环境的增湿影响更大，这就是所谓的生态效益边界效应，如表3-3所示。还有研究针对带状绿地的宽度对环境增湿的影响进行了监测。研究发现当城市绿地宽度为 6m 时，绿地内部具有一定的增湿效益，但降温效果不明显；当绿地宽度为 16～27m 时，绿地内部的降温增湿效果较明显；当绿地宽度为 34m 时，绿地内部的降温增湿效果明显；当绿地宽度超过 40m 时，绿地内部的降温增湿效果极其明显且趋于稳定。经分析发现，城市园林绿地可以明显发挥温湿效益的关键宽度约为 34m（绿化覆盖率约 80％），此时绿地已经表现出较佳的增湿效益，可以显著发挥环境增湿效益的关键宽度为 42m 左右（绿化覆盖率约 80％）（朱春阳等，2011）。

绿地降温增湿效益与绿地水平结构特征的相关性 　　　　表 3-3

| 项目 | 面积 | 周长面积比 | 绿量 | 叶面积指数 |
|------|------|-----------|------|-----------|
| 降温效益 | 0.693* | −0.672* | 0.866** | 0.179 |
| 增湿效益 | 0.690* | −0.700* | 0.787** | 0.074 |

注：* $P<0.05$，** $P<0.01$。
资料来源：引自蔺银鼎等，2006。

### 3.5.2 绿地绿量对环境湿度的影响

由于绿地的增湿效益缘自植物叶片的蒸腾作用，因此绿量这一反映单位面积上绿色植物总量的指标，因其实质是植物的"叶量"，自然对环境相对湿度有着重要的影响。

有学者对紫竹院公园中不同绿量的乔灌草型绿地进行温湿度的研究，结果发现在一定范围的乔灌草绿量比下，绿地中乔木、灌木的绿量越大，增湿效果越明显（吴菲等，2006）。另外，在水平方向上，当绿地绿量接近时，绿地湿度也非常接近，此时影响湿度大小的因子为乔灌草绿量比，这在一定程度上也反映了绿地内植物的构成会影响增湿效益。

### 3.5.3 绿地周边水环境对环境湿度的影响

城市中的绿地和水体具有明显的微气候效应。不同类型下垫面春、夏、冬季的相对湿度高低趋势一致，均为水体＞乔灌草＞灌草＞草坪＞铺装＞建筑，秋季为灌草＞乔灌草＞水体＞草坪＞铺装＞建筑（吴菲等，2013）。夏季水体周围的相对湿度比建筑周围的相对湿度高。同降温效益一样，绿地内是否存在水体对增湿效益的强弱有十分明显的影响，水体蒸发或景观喷泉均明显提升了空气湿度。因此适当地增加城市水体对改善城市环境、缓解北方地区城市干燥的小气候有积极的作用。有学者针对城市水体改善其周边环境的效益进行了研究，测定了距离水体不同长度地点的温湿度状况，发现城市水体对周边绿地水平方向上温湿度的影响同该绿地的绿量有密切关系（张丽红和李树华，2007）。绿地绿量越大，水体对周边绿地的温湿度改善作用越强，降温增湿效果越明显，影响范围越大。北京林业大学董丽教授团队（2012）在对树木群落夏季微气候特征及其对人体舒适度的影响中发现，夏季树木群落可显著降低空气温度和光照强度，并提高环境空气相对湿度。与空旷地对照点相比，植物群落内的日均降温强度可达到 $1.6\sim2.5℃$；增湿强度为 $2.9\%\sim5.2\%$；遮光率可达到 $61\%\sim96.9\%$（见附录 C）。

## 3.6　通过绿化提高增湿效益的途径

同降温效益一样，有效扩大社区绿化面积是最为直接地增强社区绿地增湿效益的措施之一。增加社区的绿地水体面积及总体绿量，可以在春、夏、秋季有效提高环境湿度。因此，应提高社区绿化建设与管理者在绿地构建配植方面的重视程度，在客观条件允许的情况下，有效地扩大社区绿化的面积、优化绿化结构。

此外，仍可选用一些增湿效益良好的树种。在进行社区绿化建设之初，或者是进行定期的绿化更新工作时，要避免简单的"种树、补树"思想，应有针对性地选择一些蒸腾作用强度大的绿化树种，以增加单位面积绿地的降温增湿效应。如前文研究所述，北京地区的毛泡桐、臭椿、白皮松、栾树、白蜡、珍珠梅、碧桃、榆叶梅（廖伟彪，2010）等都是蒸腾作用强度较强的常用绿化树种，在进行社区内绿地群落构建时，可适当增加这些树种的种植数量。一般来说，枝叶繁茂、叶量充足的乔木、灌木具有较强的蒸腾能力，增湿效应较强。因此在进行树种选择时，选用降温增湿能力优良的树种对缓解城市热岛、城市干岛是十分必要的。

合理地优化社区内的绿化群落结构与植物配置，可以使绿地更好地发挥其增湿效益。在确保绿化群落满足必要的通风条件下，增加社区内乔-灌-草结构群落的配植，可在有限空间内有效提升绿地垂直绿量。一味追求绿量最大化是当前社区绿化建设中的一个误区，虽然在有限的空间内，复层群落可以带来更多的叶片数量，但密不透风的群落往往会适得其反。由于群落内部空气流通条件差，夏季湿热空气不便于扩散，内部环境小气候条件反而会下降，不但影响人体舒适度，甚至还存在着不流通的内部空气会阻滞粉尘颗粒物向外扩散、影响绿地内的空气质量、助长微生物滋生等一系列负面效应。因此，构建复层结构的绿地群落，是指选配一些疏密得当的中层灌木或小乔木构成乔-灌-草结构，以达到既可以在景观效果上丰富群落层次，又可从生态效益发挥角度增加绿量，进而提升植物群落的降温增湿效益。在此基础上，选择冠层丰满的乔木作为群落上层，营造郁闭度较高的复层或双层群落，效果更佳。一般的，通过对上层乔木的配置，使其郁闭度达到45％以上，是较为推荐的降温增湿效果突出的群落配置模式。

改善社区内环境相对湿度的另一个有效途径是适当地增加水体景观。城市水体及其滨水绿化是影响和改善城市生态环境的载体与有效手段。合理增加一些景观水体对改善社区热环境、缓解城市干岛效应具有积极的作用。水池、小湖面或者喷泉等水体设施，其蒸发作用均可以有效地增加环境湿度，改善居住区生态环境。但设置过程中要注意适度适量，注意其美观性以及与环境的关系，由于我国北方城市水资源较为紧张，尤其是在北京这个严重缺水的城市，水体设施不宜过大。

# 第4章 绿化的滞尘效益

城市工业化发展过程中产生了诸多恶劣的空气污染现象,严重破坏了我们赖以呼吸生存的环境,尤其是大气颗粒物,对人体的危害十分显著。在我国许多大都市或都市集群区域,近几年空气污染更是愈加严重,甚至影响到人们的日常出行,园林绿地的滞尘效益便更多地引起了学者的关注。虽然目前国内外大气颗粒物污染的治理主要依靠环境工程技术措施,但作为城市颗粒污染物的重要过滤体绿色植物也起到了不容忽视的辅助作用。目前,对大气颗粒物的研究集中在总悬浮颗粒物(TSP)、可吸入颗粒物($PM_{10}$)以及最近受到广泛关注的细颗粒物($PM_{2.5}$)几类,各城市的绿化滞尘效益研究已筛选出了一系列滞尘能力较强的园林绿化植物,为不同社区、不同绿地类型滞尘效益的评价和改善提供了重要的参考依据。

## 4.1 城市空气污染

近年来,随着城市化进程的迅猛发展,城市人口的急剧膨胀、社会经济的高速发展和物质能源的迅速消耗,酸雨、臭氧、雾霾等污染现象愈见突出,空气污染问题日益严重。空气是人类赖以生存的基本环境资源,而空气污染却是一个不可逆的过程,一旦城市上空的大气环境受到污染,几乎无法彻底清除其带来的诸多连锁反应与危害。空气污染给人类健康和生活带来的严重危害是不容忽视的(图4-1、图4-2)。

图4-1 城市雾霾污染(引自中新网)

图 4-2　酸雨污染（引自中国数字科技馆）

### 4.1.1　城市空气污染的定义及其危害

国际标准化组织（ISO）对空气污染的定义为："空气污染（大气污染）通常是指由人类活动或者自然过程所引起的某些物质进入大气中，呈现出足够的浓度，达到足够的时间，并因此伤害了人体的舒适、健康和福利或者环境的现象"。当空气中的某一物质积累到一定程度并对人类或其他生物、财产等带来影响时，这种物质便可称为空气污染物。世界卫生组织（WHO）大气质量限值中规定的主要空气污染物（即"经典"污染物）为颗粒物、二氧化硫、氮氧化物、臭氧、其他光化学氧化物、铅和一氧化碳。

空气污染物的来源主要有天然污染源和人为污染源两类。自然界中存在着某些自然现象会向空气中排放有害物质或者造成有害影响，这些现象称为空气污染物的天然污染源，主要包括火山喷发、雷电等自然原因引起的森林火灾、森林植被释放、海浪飞沫和自然尘等。人类的生产和生活活动向空气中排放污染物的发生源称为空气污染物的人为污染源，主要包括燃料燃烧、工业生产活动、交通运输、农业活动等。

空气污染对人类及生存环境造成的危害和影响主要有以下几个方面：

（1）对人体健康的危害。空气污染物可通过消化道、呼吸道、黏膜、皮肤等多种途径作用于人体，从而危害人类的身体健康。表 4-1 总结了主要空气污染物对人体的影响，可见空气污染对人体健康的危害是十分严重的。

几种空气污染物对人体健康的危害　　　　　　　　　　　　　表 4-1

| 污染物名称 | 对人体的影响 |
| --- | --- |
| 悬浮颗粒物 | 可进入呼吸道深部，损伤肺泡，引发炎症；直接接触皮肤和眼睛，阻塞皮肤毛囊和汗腺，引发皮肤炎和眼结膜炎 |
| 二氧化硫 | 易被上呼吸道黏液吸附引发炎症；产生硫酸雾，引发眼部炎症、肺水肿等 |

| 污染物名称 | 对人体的影响 |
| --- | --- |
| 氮氧化物 | 可进入呼吸道深部，引起支气管哮喘；产生光化学烟雾，刺激眼、呼吸道，引发胸痛、肺水肿等 |
| 一氧化碳 | 降低血液输氧功能，浓度达到一定程度时，可引起中毒症状，甚至死亡 |
| 碳氢化合物 | 损伤皮肤和肝脏，甚至致癌死亡 |
| 铅 | 可引起神经衰弱、腹部不适、便秘、贫血等 |
| 氟和氟化氢 | 刺激眼睛、鼻腔和呼吸道，引起气管炎、肺水肿、氟骨症等 |

（2）对动植物的危害。空气污染主要通过三种途径危害生物的生存和繁育，其一通过污染物使生物中毒或死亡；其二减缓生物的正常生长发育；其三降低生物对病虫害的抵御能力。例如，空气污染可以降低动物体的抵抗能力，以致其死亡；空气污染物可以使植物的抗性下降，影响正常的生长发育，严重时会导致叶面产生伤斑甚至枯萎死亡；空气污染物还可通过酸雨等形式杀死土壤微生物，危害农作物和森林。

（3）对气候的影响。大气污染物对气候的影响是多方面的，例如大气污染物降低可见度，减少了到达地面的太阳辐射量；酸雨等含有腐蚀性化学物质的污染物会对金属制品、建筑材料、文化艺术品等造成化学性质的损害，同时也会给农业、林业及养殖业等带来严重危害；二氧化碳含量的不断增加，吸收地面的长波辐射，从而增加大气温度，形成"温室效应"，导致全球的气候异常，危害人类的生存条件。

### 4.1.2　空气污染物的类型

空气污染物根据性质分为物理性污染物、化学性污染物和生物性污染物。物理性污染物是指空气中的物理性颗粒物质，主要为粉尘。化学性污染物是指空气中的有毒、有害的气态或液态物质，包括二氧化硫、二氧化碳、氮氧化物、一氧化碳、臭氧、氟化氢、氯气、光化学烟雾等有害的化学物质。生物性污染物是指空气中的微生物，包括放线菌、酵母菌和真菌等，以及一些病原性微生物。

空气污染物根据来源分为一次污染物和二次污染物。一次污染物是指直接由污染源排放到大气的污染物，如一氧化碳、二氧化硫、一氧化氮等。二次污染物是指由于一次污染物在大气中经过物理化反应形成的新污染物质，如二氧化氮、三氧化硫、光化学烟雾等。

空气污染物根据存在状态分为气溶胶状态污染物和气体状态污染物。气溶胶在化学和物理学中的定义为凡分散介质为气体的胶体物系。在大气污染中，国际标准化组织给出了明确定义，气溶胶（aerosol）系指沉降速度可以忽略的固体粒子、液体粒子或固体和液体粒子在气体介质中的悬浮体，包括粉尘、烟、飞灰、黑烟、液滴、轻雾或霾等。气体污染物（gaseous pollutant）是指在大气中以分子状态或蒸气状态存在的污染物，大部分为无机气体，主要有以二氧化硫为主的含硫化物，以氧化氮和二氧化氮为主的含氮化合物，碳氧化合物、碳氢化合物以及卤素化合物等。

### 4.1.3 大气颗粒物污染

我国空气污染的主要物质为物理性污染物大气颗粒物和化学性污染物二氧化硫。由于我国的主要燃料是煤，约占我国燃料构成的 60%～70%，因此城市大气污染类型主要为燃煤型和燃煤/机动车废气混合型污染（金银龙等，2002）。目前我国的大气污染经过长期积累后已经达到了污染的高峰期，尤其是京津冀、长江三角洲和珠江三角洲等经济发达的地区，大气污染物排放相对集中，空气中臭氧和颗粒物污染加剧，原来的煤烟型污染已经转变为以煤烟型和光化学污染为特征的区域性复合型大气污染（赵其国等，2009；宁淼和王金南，2013）。大气颗粒物指的是分散在大气中的固态或液态的颗粒状物质，是影响城市空气质量的首要污染物。大气颗粒物根据其粒径大小可分为两类，空气动力学当量直径大于 $10\mu m$ 的颗粒可以较快落到地面，通常称降尘；空气动力学当量直径小于 $10\mu m$ 的颗粒可以几小时甚至几年在空中飘浮，一般称飘尘。

#### 4.1.3.1 大气颗粒物的指标

我国于 1982 年建立了空气质量评价体系，将空气污染物指标规定为二氧化硫、氮氧化物和总悬浮颗粒物。1996 年将可吸入颗粒物（$PM_{10}$）划入指标范围，2012 年又进一步规定了细颗粒物（$PM_{2.5}$）的浓度限值。美国环境保护署（EPA）也于 1985 年将原始颗粒物质的指示物质总悬浮颗粒物（TSP）转变为可吸入颗粒物（$PM_{10}$），并在 1997 年再一次修改空气质量标准，规定了细颗粒物（$PM_{2.5}$）的最高限值。可见对人体健康危害最为显著的细颗粒物和超细颗粒物日渐受到各国的重视。目前，我国对大气颗粒物的研究主要集中在总悬浮颗粒物（TSP）和可吸入颗粒物（$PM_{10}$）两方面，对细颗粒物（$PM_{2.5}$）研究尚处于起步阶段。

（1）总悬浮颗粒物（TSP）

1995 年以前，我国大气颗粒物污染主要评价总悬浮颗粒物，且 1995 年以前总悬浮颗粒物年均浓度高于国家二级标准限值。《环境空气质量标准》（GB 3095—2012）中规定能悬浮在空气中，环境空气中空气动力学当量直径小于等于 $100\mu m$ 的颗粒物为总悬浮颗粒物（TSP），并划定了 TSP 浓度限值（表 4-2）。

**TSP 的浓度限值**（$\mu g/m^3$）　　　　　　　　　　　　　　　　表 4-2

| 污染物名称 | 取值时间 | 浓度限值 | |
|---|---|---|---|
| | | 一级标准 | 二级标准 |
| 总悬浮颗粒物 TSP | 年平均 | 80 | 200 |
| | 日平均 | 120 | 300 |

资料来源：引自《环境空气质量标准》（GB 3095—2012）。

（2）可吸入颗粒物（PM₁₀）

1996 年起我国开始评价 PM₁₀，1996～2004 年 PM₁₀ 年均浓度高于国家二级标准限值。2005 年以来国家大力开展大气污染防治工作，PM₁₀ 年均浓度持续降低且低于国家二级标准限值。《环境空气质量标准》（GB 3095—2012）中规定能悬浮在空气中，环境空气中空气动力学当量直径小于等于 $10\mu m$ 的颗粒物为可吸入颗粒物（PM₁₀），并划定了 PM₁₀ 浓度限值（见表 4-3）。

**PM₁₀ 的浓度限值**（$\mu g/m^3$）                     表 4-3

| 污染物名称 | 取值时间 | 浓度限值 | |
|---|---|---|---|
| | | 一级标准 | 二级标准 |
| 可吸入颗粒物 PM₁₀ | 年平均 | 40 | 70 |
| | 日平均 | 50 | 150 |

资料来源：引自《环境空气质量标准》（GB 3095—2012）。

（3）细颗粒物（PM₂.₅）

《环境空气质量标准》（GB 3095—2012）中规定在环境空气中空气动力学当量直径小于等于 $2.5\mu m$ 的颗粒物为细颗粒物（PM₂.₅），并划定了 PM₂.₅ 的浓度限值（见表 4-4）。世界上大部分国家都还未开展对细颗粒物的监测，大多是对 PM₁₀ 进行的监测。我国于 2011 年 1 月 1 日开始，在环保部所发布的《环境空气 PM₁₀ 和 PM₂.₅ 的测定重量法》中首次对 PM₂.₅ 的测定进行了规范。2012 年 2 月 29 日发布《环境空气质量标准》（GB 3095—2012），将 PM₂.₅ 列入监测指标，并已于 2016 年 1 月 1 日实施。

**PM₂.₅ 的浓度限值（WIO）**                     表 4-4

| 污染物名称 | 取值时间 | 浓度限值 | | |
|---|---|---|---|---|
| | | 一级标准 | 二级标准 | 浓度单位 |
| 细颗粒物 PM₂.₅ | 年平均 | 15 | 35 | $\mu g/m^3$ |
| | 日平均 | 35 | 75 | （标准状态） |

资料来源：引自《环境空气质量标准》（GB 3095—2012）。

### 4.1.3.2 大气颗粒物的来源

大气颗粒物的来源途径多样，不同的颗粒物污染来源对不同粒径的颗粒物所做出的贡献也不同。我国城市大气颗粒物的来源主要有以下 5 个方面：

（1）地表扬尘

扬尘是指地表的松散物质在自然力或者人力的作用下进入到环境空气中所形成的大气颗粒物。道路浮土、城市绿地裸露地面、建筑垃圾、工程渣土等均能给城市带来大量的扬尘。扬尘中的成分以可吸入颗粒物（PM₁₀）为主，细颗粒物（PM₂.₅）较少（胡敏等，2011）。

（2）煤炭烟尘

煤炭的完全燃烧与不完全燃烧同时存在，煤炭完全燃烧时的产物主要为二氧化碳和水蒸气，煤炭的不完全燃烧带来了大量的煤烟尘、一氧化碳和挥发性有机物等产物。研究表明燃煤会产生大量的大气颗粒物，其中对 TSP 的贡献率为 35%，$PM_{10}$ 和 $PM_{2.5}$ 的贡献率均为 35%（金银龙等，2002）。

（3）工业排放

工业生产过程会产生种类不同的大气颗粒物，对于不同的工业类型，所排放的颗粒物的组成成分也不同。例如，钢铁产业所排放的粉尘中 8% 为 $PM_{10}$，20% 为 TSP；石油化工工业排放了大量的 $PM_{10}$（胡敏等，2011）。

（4）汽车尾气

机动车排放主要为汽缸中的不完全燃烧而产生的有机物、碳氧化物及颗粒物等污染物。机动车尾气排放是城市大气颗粒物的主要来源，研究结果表明机动车尾气对 $PM_{10}$ 的贡献率为 0.69%～42%，对 $PM_{2.5}$ 的贡献率为 0.1%～70.6%（孔少飞和白志鹏，2013）。

（5）生物质燃烧

农作物残体、城市垃圾的焚烧以及森林大火均会产生大量的颗粒物和气态污染物，是大气颗粒物的主要来源之一。生物质燃烧的排放具有季节性和周期性，在生物质燃烧的典型样品中，生物质燃烧对大气颗粒物的贡献高达 3～6 成（郑晓燕，2005）。

### 4.1.3.3 大气颗粒物对人体健康的危害

大气颗粒物直径的大小直接决定了颗粒物最终进入人体的部位，因此大气颗粒物的危害程度也会随着颗粒物大小的变化而浮动。一般来说，大于 $10\mu m$ 的颗粒物由于惯性作用可被鼻与呼吸道的黏液排除（唐孝炎，1990；樊邦常，1991）；小于 $10\mu m$ 的颗粒物可被人体吸收进入体内，对人体危害显著；小于 $5\mu m$ 的颗粒物能避开上呼吸道的保护组织而进入肺中，$0.5～5\mu m$ 的颗粒物可以沉积细支气管中，并且经数小时后由纤毛作用排除掉；而小于 $0.5\mu m$ 的颗粒物可到达并滞留于肺泡中达数周、数月或数年（Stoker and Seager，1976）。可吸入颗粒物（$PM_{10}$）浓度的增加与疾病的发病率、死亡率均密切相关，可引起人体机体内部呼吸系统、心脏及血液系统、生殖系统和内分泌系统等广泛损伤（Pope et al.，1999；洪传洁，2005）。

大气颗粒物越小，表面积越大，越容易吸附一些对人体健康有害的重金属和有机物，并使这些有毒物质具有更高的反应和溶解速度（邢黎明，2009）。目前国内外对颗粒物健康影响的重点已经逐渐从可吸入颗粒物（$PM_{10}$）转向细颗粒物（$PM_{2.5}$）。细颗粒物（$PM_{2.5}$）是指大气中动力学直径 ≤$2.5\mu m$ 的颗粒物，也称为可入肺颗粒物。$PM_{2.5}$ 粒径很小，表面积大，吸附能力强，其表面会吸附空气中的重金属、细菌、多环芳烃和病毒等多种有毒物质（魏玉香等，2009）。$PM_{2.5}$进入人体到肺泡后，会直接影响肺的通气功能，使机体容易处在缺氧状态，给人体带来严重伤害，并且细颗粒物移动性强，覆盖范围广，对人类的影响范围较大。

## 4.2 植物的滞尘功能

如上一节所述，大气颗粒物对人体危害显著，因此国内外陆续展开了治理大气颗粒污染的研究以及应对措施。目前国内外大气颗粒物污染的治理主要依靠环境工程技术措施，但不可忽视以植被为主体的生物防治也可以起到一定的辅助作用。植物是城市颗粒污染的重要过滤体，具有滞纳和吸附颗粒污染物的功能，其自我净化能力（滞尘能力）已经被国内外许多学者所证实。植物的滞尘能力是选择园林绿化树种的一项重要指标，我国有关植物滞尘方面的研究虽然起步较晚，但进展较快。自 20 世纪 90 年代来，先后已经有几十所城市主要绿化树种的滞尘能力被研究，并筛选出了一批滞尘能力较强的植物。

### 4.2.1 植物的滞尘能力的定义

植物的滞尘能力是指植物单位叶面积单位时间中滞留的粉尘，或者单位叶片生物量单位时间中滞留的粉尘（张新献等，1997）。一般认为大于 15mm 的雨量就可以冲掉植物叶片的降尘（Ottel M，2010）。由于部分地区无法确保 15mm 以上的降水条件，许多研究多以 7 日以上无降水的植物单位叶面积滞尘量或者单位叶片生物量滞尘量为主要研究对象，进而对树种的滞尘能力进行推算和排序。

植物滞尘的一般机理为当含有粉尘的气流随风通过树冠时，风速便会降低，一部分颗粒较大的灰尘会因枝叶阻挡而降落，另一部分颗粒物由于叶子表面粗糙不平，多被绒毛，有的分泌黏性油脂或汁液，因而滞留在叶表面，保留一段时间后，蒙尘植物被雨水冲洗掉，又恢复其滞尘能力，植物又将重新开始新的一轮滞尘过程。植物通常以滞留、附着和黏附三种方式来进行滞尘。滞留途径所留下的大多是自动降落的大颗粒粉尘，这些粉尘容易受到气象因素的影响而继续迁移；附着途径是指具有纤毛、褶皱、沟壑等叶表面的结构使得颗粒物吸附在叶表面，其滞尘效果较为稳定；黏附途径多为叶表面的分泌物黏附空气中的粉尘，不易受到其他因素的干扰，滞尘效果最稳定（柴一新等，2002）。

园林植物叶表面所滞留的颗粒物组成复杂，Tomasevic M. 等利用扫描电镜能谱分析仪（SEM-EDX）观测植物滞留的粉尘的组成成分，表明叶面附着颗粒物中有 50% 的含量属于人类活动所产生的细微颗粒（Tomasevic *et al.*，2005）。Ottel 等（2010）也发现植物可成功滞留 $PM_{10}$ 颗粒物，再一次证明了植物叶表面滞留颗粒物中大多数为细颗粒物和超细颗粒物。Wang L. 等对颗粒物的成分进行进一步的研究，发现叶片滞留的颗粒物中 98.4% 是 $PM_{10}$，64.2% 是 $PM_{2.5}$

（Wang *et al.*，2006）。园林植物作为"天然过滤机"，可显著减少空气中可吸入颗粒物的含量，降低大气颗粒物污染。因此，利用园林植物净化空气中的尘埃，是针对中国现状的实用而有效的方法。

### 4.2.2　影响植物滞尘能力的因子

地形、气候、人类活动等外界因素，以及树种高度、叶片表面特征、叶片形状等均会影响植物的滞尘能力。滞尘能力主要受植物叶片表面特征、枝叶着生角度和外界环境条件三个方面的影响。

#### 4.2.2.1　植物叶片表面特征

植物叶片表面特征可以显著影响植物的滞尘能力。研究已表明，植物叶片表面特征对捕捉颗粒物具有重要作用。

（1）叶片表面绒毛

叶片表面着生绒毛，大气颗粒物与叶片表面接触时便会进入绒毛之间，被绒毛卡住，难以脱落下来，从而增加植物的滞尘能力。不仅如此，叶片表面的绒毛的分布位置、密度、质地、形态和类型等都直接影响着大气颗粒物在叶片表面的滞留能力。例如，银白杨较榆叶梅的滞尘能力强是因为银白杨叶片表面的绒毛更为密集（柴一新，2002）。

（2）叶片表面粗糙

叶片表面若有密集的条状或点状突起，大气颗粒物与叶片表面接触时便会嵌入凹槽之中，不易分离。因此叶片表面粗糙度最大，颗粒物附着密度最高。例如，圆柏和侧柏因其表面具有条状突起而变现出较强的滞尘能力（王蕾等，2007）。

（3）叶表面分泌黏液

如果叶片表面可分泌黏液，大气颗粒物与叶表面接触时便会被叶片表面黏液所吸附，从而表现较强的滞留颗粒物的能力。例如，白皮松、油松的滞尘量大的原因是其针叶表面可分泌黏液（高金晖等，2007）。

#### 4.2.2.2　枝叶着生角度

植物枝条和叶片的着生角度均会影响植物的滞尘能力。枝条的开张角度越大，植物的滞尘能力越低。例如，刺槐、银杏、垂柳等叶片较小且叶面较光滑，枝条的开张度较大，因而粉尘易被风吹走（李七伟等，2013）。叶片的着生角度对植物的滞尘能力也有显著影响，例如俞学如对法国冬青叶片 4 个倾斜角度滞尘能力的分析认为，在 60°~90°这个范围内，滞尘量是最大的，0°~30°和 90°~180°两个角度范围内滞尘量差别较小，30°~60°这个范围的滞尘量最小。同时叶片上倾较叶片下倾更容易附着粉尘（俞学如，2008）。

#### 4.2.2.3　外界环境因素

（1）距离尘源远近

同种植物在封闭式环境和开敞式环境的滞尘量存在明显差异，开敞式环境植物叶片的滞尘量大（郭伟等，2010）。研究表明，在城市不同环境中的植物滞尘能力表现为：工业区＞商业交通区＞居住区＞清洁区（张景，2011）。而同一树种在不同位置的滞尘量排序是：机动车道与自行车道分车带＞自行车与人行道分隔带＞公园内同株树面对街道面＞公园内同株树背离街道面（陈玮等，2003）。这说明在一定程度下，植物的滞尘量会随着大气颗粒浓度的增加而增大，植物距离尘源越近，滞尘能力越强，反之越弱。

（2）季节性因素

园林植物的滞尘作用在不同的季节有较大区别。研究发现叶片滞尘量的变异系数受不同季节外界自然因素的干扰变化较大，呈现出：秋季＞春季＞夏季的趋势（张景和吴祥云，2011）。研究得到季节动态规律为：冬季＞秋季＞春季＞夏季（张家洋等，2013）。造成这种现象的原因，一方面与着叶季节的长短有关系，另一方面可能与不同城市不同季节的能源利用及气象条件等因素所导致的大气粉尘浓度的季节性变化有关。

## 4.3 滞尘能力评价指标

### 4.3.1 园林植物滞尘能力评价指标

植物的滞尘能力不仅仅是选择滞尘植物的唯一指标，植物的全株滞尘量、最大滞尘量以及滞尘重启等指标均能在一定程度上反映植物的滞尘能力。其中滞尘能力和全株滞尘量表现的是植物的滞尘直接能力，最大滞尘量和滞尘重启周期表现的是植物的滞尘潜在能力。

#### 4.3.1.1 全株滞尘量

全株滞尘量是指全株植物在当前大气粉尘浓度下所能滞留的最大粉尘量。目前主要有两种研究方法：

第一种方法主要是在 7 日以上无降水的条件下，计算植物单位叶面积滞尘量或者单位叶片生物量滞尘量，统计全株的叶面积或者全株的叶片生物量，进而得到全株滞尘量。用公式表示为：

$$全株滞尘量＝单位叶片生物量滞尘量×全株生物量 \tag{4-1}$$
$$全株滞尘量＝单位叶面积滞尘量×全株叶面积 \tag{4-2}$$

第二种方法是建立植物滞尘量与时间的回归方程，根据 2 次 15mm 降水量的间隔天数推算整株植物的滞尘量。

全株滞尘量是选择滞尘植物的一个最实用有效的指标，同时也是计算绿地滞尘量的主要计量单位。此外，植物的全株滞尘量不仅与植物的滞尘能力有关，还取决于植物的绿量、枝叶着生角度等因素。因此在选择园林绿化树种时，若从减少大气颗粒物的生态作用出发，应结合植物的滞尘能力和全株滞尘量综合考虑。

#### 4.3.1.2　最大滞尘量

最大滞尘量是指植物在理想状态下所能滞留的最大的粉尘量。在自然条件下，由于雨水的冲刷和大气粉尘浓度的限制，一般情况下植物的滞尘量不能达到最大值。目前研究的一般方法为选取晴朗无风的晴天，对植物叶片进行人工降尘，人工尘源应距离测试植物叶片 2m 以上，直至有尘土自叶片滑落为止，1 小时后剪下叶片，计算植物的最大滞尘量，针叶树一般采用单位生物量最大滞尘量，阔叶树一般采用单位叶面积最大滞尘量。

#### 4.3.1.3　滞尘重启周期

植物的滞尘量与时间存在一定的线性关系，滞尘量会随着时间的推移缓慢增加，一定时间后，会达到在当前大气浓度的最大值或者饱和值，此时植物对空气中粉尘的滞留量和脱落量趋近于相等，即达到动态平衡过程，表明植物从此刻起将不再继续发挥滞尘效益。随着一场大雨的到来，植物枝叶表面的灰尘会随着雨水降落到地面，植物又重新开始滞尘过程，开启了一个新的滞尘周期。滞尘量达到稳定的时间，即可以重新开启滞尘周期的时间，称为滞尘重启周期。

滞尘重启周期的研究方法为在植物叶表面的粉尘被充分淋洗后，即植物叶表面零滞尘量的前提下，每隔 2~3 天测定植物的滞尘量，分析滞尘量随时间的变化关系，解析曲线变化趋势得到滞尘重启周期。滞尘重启周期的测定可以作为定期重启植物滞尘周期的理论性依据，以最大限度地发挥植物的滞尘效益，对辅助治理大气颗粒物污染具有科学的指导意义。

#### 4.3.2　园林绿地滞尘效益评价指标

绿地的滞尘效益主要有绿地减尘率和绿地滞尘量两个指标。绿地减尘率主要用于对比城市绿地内的局部绿地或者植物群落之间的滞尘效益，无法准确代表整个绿地滞尘效益；而绿地滞尘量是衡量较大面积绿地滞尘效益的重要标准，适合用于评价不同社区、不同类型绿地的滞尘效益以及对比分析不同类型绿地的滞尘效益。

#### 4.3.2.1　绿地减尘率

绿地减尘率是衡量绿地滞尘效益的一个重要指标。减尘率的研究方法是通过对绿地中的不同类型群落内部的大气颗粒物浓度（TSP、$PM_{10}$、$PM_{2.5}$）进行测定，辅以无群落对照点的大气颗粒物浓度进行对比，计算减尘率。一般公式为：

$$减尘率 = (非绿地含尘量 - 绿地含尘量) / 非绿地含尘量 \qquad (4-3)$$

大气颗粒物浓度可直接运用精准仪器进行测定，研究方法较为便捷。我国目前对绿地减尘效益的研究较多，但大部分的研究仍然停留在 TSP 和 $PM_{10}$ 层面上，对 $PM_{2.5}$ 的研究较少。

#### 4.3.2.2　绿地滞尘量

绿地滞尘量即为绿地所滞留的粉尘量。绿地滞尘量是在绿地内组成植物的全株滞尘量的基础上进行加和运算进而得到绿地滞尘量。

绿地滞尘量的应用范围很广，可以根据绿地滞尘量的基础数据构建适合的绿地系统绿化标准，对促进和改善城市环境质量具有重要的理论意义和应用价值。例如对北京市 1995 年的城近郊区居住区绿地年滞尘量进行的估算结果显示，朝阳区年总滞尘为 502t，而崇文区仅为 90t（张新献等，1997）。

单位绿地滞尘量是衡量绿地滞尘效益的另一重要指标，单位绿地滞尘量的大小主要取决于单位绿地面积绿量。以乔木为主的乔-灌-草复合结构绿地的单位绿地面积绿量最高，滞尘量也最大。张新献等对北京市 1995 年的城近郊区居住区绿地滞尘量进行了估算，并对北京市 8 个行政区居住区绿地每公顷的滞尘量进行对比，最终得出朝阳区、海淀区、丰台区较高，崇文区、宣武区较低（张新献等，1997）。

## 4.4　不同植物种类的滞尘效益

绿地的滞尘能力与其组分植物密不可分，植物的滞尘能力存在较大差异。对灰尘有明显净化功能的植物主要是乔木，乔木叶片单位面积滞尘量虽然不高，但是它枝叶繁茂，树冠空间体积庞大，总叶面积大，因此全树滞尘量就十分显著。例如，对南京常见树种的研究表明灌木的单位面积滞尘量较常绿乔木和落叶乔木大（梁淑英，2005）。此外，不同类型树种的滞尘能力存在较大差异，其大小顺序为：灌木＞常绿乔木＞落叶乔木（杨瑞卿和肖扬，2008）。而有研究发现，不同类型园林植物单位绿化面积的综合滞尘能力为：常绿乔木＞常绿灌木＞落叶灌木＞落叶乔木＞草坪植物（王蓉丽等，2009）。但是，由于学者所选择测试树种不够多，代表性有欠缺，同时植物的滞尘能力受到环境条件影响较大，即使同种植物在距离尘源的不同位置也会有所差异，因此尚未得到统一结论。

城市绿地植物个体间滞尘效果差异较大，引起这种差异的原因主要有 3 种。首先，由于不同个体叶表面特性的差异，叶表面纹理、绒毛、油脂以及湿润等特性利于大气颗粒物附着，这种结构越多者其滞尘能力越强；其次，由于树冠大小、结构、枝叶密度和叶面倾角不同，对大气颗粒物的滞留能力不同，复杂的枝茎结构支持的巨大叶面积使其能够滞留大量的大气颗粒；除此之外，气象因素对滞尘效果影响很大，主要由于受风和降水的作用，植物叶片所能保留的颗粒物能力不同，导致不同物种间滞尘能力有显著差异（王蕾等，2007；高金晖等，2007）。

不同植物之间的滞尘能力有显著差异，不同树种的滞尘能力可相差 2~3 倍以上。近年来，大气颗粒物污染日益严重，园林植物的滞尘能力已经成为选择城市绿化树种的一个重要指标。

目前已在几十所城市开展植物滞尘能力的研究，并且筛选了一批滞尘能力较强的植物，但由于各地的气候、水文等条件不同，各地植物所发挥的滞尘作用也不同。可见，植物的滞尘能力存在着一定的地域性。对呼和浩特市的几种常绿树种滞尘能力进行排序，表明云杉＞杜松＞圆柏＞油松（郭鑫等，2009）；对哈尔滨地区的常绿树种滞尘能力进行测定，发现杜松的滞尘能力最强，云杉其次，油松稍差（柴一新等，2002）。不仅如此，已有研究结果表明尽管在同一地区，同种植物的滞尘能力也存在差异。对北京市6种常绿树的叶表颗粒物进行分析，发现圆柏、侧柏叶面颗粒物附着密度最高（王蕾等，2007），其次是雪松、白皮松，油松，云杉最低。针对不同植物的滞尘能力的研究目前尚没有得到统一的定论，植物叶片滞尘量的变异系数普遍较大。植物叶片滞尘由于受外界环境条件的干扰，导致滞尘量的变化较大，植物的滞尘量主要是受外界环境影响因素的影响（杜玲等，2011）。

现有研究成果主要集中在滞尘能力方面。全株滞尘量、最大滞尘量和滞尘重启周期同样在一定程度上影响植物的滞尘能力，但是研究成果较少。表4-5～表4-7分别对我国北方地区常见植物的滞尘能力、全株滞尘量、最大滞尘量3个方面的研究成果进行了归纳。

城市绿地中选择园林滞尘植物时，应综合考虑植物的滞尘能力和全株滞尘量。我们据前人的研究结果对园林植物的滞尘能力和全株滞尘量进行了总结和排序，并对植物的滞尘作用划分强、中、一般3个等级，以期为滞尘植物的选择提供科学依据。

（1）乔木

强：杜松、冷杉、云杉、圆柏、侧柏、刺柏、雪松、毛白杨、悬铃木、泡桐、臭椿、核桃、板栗、玉兰、杜仲、白蜡、构树、元宝枫、银杏、毛白杨、小叶朴、家榆、刺槐、流苏。

中：红松、樟子松、东北红豆杉、国槐、旱柳、白蜡、栾树、旱柳、柿树、楸树、构树、黄栌、七叶树。

一般：华山松、白皮松、油松、垂柳、绦柳、樱花、紫叶李、西府海棠、北京丁香、碧桃、山桃、丝棉木。

（2）灌木

强：大叶黄杨、金银木、紫薇、小叶女贞、水栒子、连翘、榆叶梅、胡枝子、木槿、钻石海棠、紫叶矮樱。

中：金叶女贞、小叶黄杨、紫丁香、月季、紫荆、黄刺玫、牡丹、金银木、天目琼花。

一般：沙地柏、锦带花、迎春、蔷薇、女贞、棣棠、连翘、金钟花、红瑞木、卫矛、紫叶小檗。

除此之外，在重污染地区选择园林滞尘植物时，应考虑植物的最大滞尘量和滞尘周期，发挥植物的滞尘潜在能力，以期对治理大气颗粒物污染起到一定的辅助作用。

植物的滞尘能力　　　　　　　　表 4-5

| 作者 | 年份 | 地区 | 植物生活型 | | 植物种类 |
|------|------|------|--------|--------|----------|
| 柴一新 | 2002 | 哈尔滨 | 常绿 | 乔木 | 杜松＞红皮云杉＞红松＞樟子松＞油松 |
| 赵勇 | 2002 | 河南 | 混合 | 混合 | 强：毛白杨、悬铃木、泡桐、臭椿、雪松、女贞、紫薇、榆叶梅<br>良好：国槐、旱柳、白蜡、紫丁香、大叶黄杨、月季、紫荆 |
| 陈玮等 | 2003 | 辽宁 | 常绿 | 乔木 | 沙松冷杉＞沙地云杉＞红皮云杉＞东北红豆杉＞白皮松＞华山松＞油松 |
| 丁菡等 | 2005 | — | 混合 | 乔木 | 强：毛白杨、臭椿、悬铃木、雪松、广玉兰、女贞、泡桐、紫薇、核桃、板栗<br>中：国槐、旱柳、白蜡、紫荆 |
| | | | | 灌木 | 强：丁香、大叶黄杨、榆叶梅、侧柏<br>中：紫丁香、大叶黄杨、月季 |
| 纪惠芳等 | 2008 | 河北 | 落叶 | 乔木 | 玉兰、槐树、杜仲、白蜡、毛白杨 |
| | | | | 灌木 | 紫叶小檗、金银木、女贞、水枸子、连翘 |
| 王蕾等 | 2007 | 北京 | 常绿 | 乔木 | 圆柏、侧柏颗粒物附着密度最高，其次为雪松、白皮松，油松、云杉最低 |
| 刘任等 | 2008 | 山西 | 落叶 | 乔木 | 榆树＞构树＞臭椿＞国槐＞毛刺槐 |
| | | | | 灌木 | 冬青卫矛＞紫薇＞红叶李＞日本小檗＞女贞 |
| 黄慧娟 | 2008 | 河北 | 落叶 | 乔木 | 悬铃木＞国槐＞紫薇＞榆叶梅＞臭椿＞金银木＞刺槐＞连翘 |
| | | | 常绿 | 乔木 | 圆柏＞大叶黄杨＞雪松＞侧柏 |
| 郑少文 | 2008 | 山西 | 落叶 | 乔木 | 毛泡桐＞二球悬铃木＞毛白杨＞臭椿＞梧桐＞梓树＞紫叶李＞银杏＞皂荚＞香椿＞五角枫＞玉兰＞龙爪槐＞刺槐＞国槐＞榆树＞白蜡＞杜仲＞垂柳＞合欢 |
| | | | | 灌木 | 金银木＞华北紫丁香＞榆叶梅＞大叶黄杨＞华北珍珠梅＞碧桃＞贴梗海棠＞月季＞木槿＞雪柳＞连翘 |
| | | | 常绿 | 乔木 | 圆柏＞雪松＞侧柏＞樟子松＞油松＞白皮松 |
| 陈虹等 | 2009 | 新疆 | 落叶 | 乔木 | 圆冠榆＞北京杨＞新疆杨＞美国白蜡＞复叶槭＞山桃＞大果沙枣＞山楂＞黄金树＞白柳 |

续表

| 作者 | 年份 | 地区 | 植物生活型 | | 植物种类 |
|---|---|---|---|---|---|
| 郭鑫等 | 2009 | 内蒙古 | 常绿 | 乔木 | 云杉＞杜松＞圆柏＞油松 |
| 陈志刚 | 2011 | 安徽 | 落叶 | 乔木 | 山桃稠李＞银中杨＞糖槭＞榆树＞白桦＞垂枝榆＞紫椴＞野梨＞垂柳＞稠李＞文冠果 |
| 刘萌萌等 | 2012 | 辽宁 | 落叶 | 乔木 | 毛白杨＞元宝槭＞暴马丁香＞臭椿＞国槐＞大果榆＞垂柳＞京桃＞银中杨＞银杏＞刺槐 |
| | | | | 灌木 | 紫丁香＞水蜡＞东北连翘＞金银忍冬＞锦带花＞榆叶梅＞红瑞木 |
| | | | 常绿 | 乔木 | 东北红豆杉＞华山松＞油松 |
| 张家洋等 | 2013 | 南京 | 混合 | 混合 | 0.4g/m³ 以上：金叶女贞、广玉兰、八角金盘、海桐、小叶黄杨和构树<br>0.2～0.4g/m³：女贞、悬铃木、香樟、紫叶李、珊瑚树、紫薇、大叶黄杨和银杏<br>0.2g/m³ 以下：樱花、枫杨、杨树、桃树、刺槐和鸡爪槭 |

### 植物的全株滞尘量　　　　　　　　　　　　　　表4-6

| 作者 | 年份 | 地区 | 植物生活型 | | 植物种类 |
|---|---|---|---|---|---|
| 郑少文 | 2008 | 山西 | 落叶 | 乔木 | 二球悬铃木＞泡桐＞臭椿＞毛白杨＞银杏＞垂柳＞国槐＞刺槐＞白蜡 |
| | | | | 灌木 | 金银木＞榆叶梅＞丁香＞木槿＞连翘＞珍珠梅＞贴梗海棠＞碧桃＞月季 |
| | | | 常绿 | 乔木 | 圆柏＞雪松＞油松＞白皮松 |
| 杨瑞卿等 | 2008 | 徐州市 | 落叶 | 乔木 | 强：元宝枫＞圆柏＞银杏＞臭椿＞国槐＞毛白杨＞小叶朴＞榆树＞雪松＞刺槐＞流苏<br>中：栾树＞旱柳＞柿树＞白蜡＞白玉兰＞杜仲＞油松＞楸树＞构树＞黄栌＞七叶树<br>一般：垂柳＞绦柳＞樱花＞紫叶李＞西府海棠＞北京丁香＞碧桃＞山桃＞丝棉木 |
| 专题报告 | 2014 | 北京市 | 混合 | 灌木 | 强：榆叶梅＞胡枝子＞木槿＞丁香＞钻石海棠＞紫叶矮樱<br>中：紫丁香＞黄刺玫＞牡丹＞金银木＞天目琼花＞小叶黄杨＞紫薇<br>一般：锦带花＞迎春＞大叶黄杨＞月季＞蔷薇＞女贞＞棣棠＞连翘＞金钟花＞红瑞木＞紫荆＞卫矛＞沙地柏＞紫叶小檗 |

植物的最大滞尘量　　　　　　　　　　　　　　　表 4-7

| 作者 | 年份 | 地区 | 植物生活型 | | 植物种类 |
|------|------|------|------|------|------|
| 郑少文 | 2008 | 山西 | 落叶 | 乔木 | 国槐>金银木>丁香>榆叶梅>毛白杨>银杏>垂柳 |
| | | | 常绿 | 乔木 | 圆柏>雪松 |
| 王会霞等 | 2010 | 陕西 | 混合 | 混合 | 悬铃木>国槐>榆叶梅>小叶黄杨>小叶女贞>栾树>樱花>女贞>桃树>毛梾木>大叶黄杨>海桐>丁香>月季>加杨>紫荆>鸡爪槭>紫叶小檗>银杏 |
| 王慧等 | 2011 | 山西 | 落叶 | 乔木 | 二球悬铃木>杨树>国槐>刺槐>龙爪槐>垂柳>元宝枫 |
| | | | 常绿 | 乔木 | 侧柏>雪松>油松 |
| | | | 混合 | 灌木 | 忍冬>紫丁香>卫矛>连翘>金叶女贞>大叶黄杨 |

　　为筛选适合用于北京市的具有优良滞尘能力的绿化物种，提高城市植被滞尘效应，北京林业大学董丽教授团队（2015）选取北京市园林绿化应用最广泛的26 种落叶阔叶树种，应用重量差值法，于 2014 年夏季对不同树种单位叶面积滞尘量进行测定，通过计算单叶滞尘量与单株滞尘量，对树种滞尘能力进行了相应的聚类分析。我们的研究发现不同树种间滞尘能力存在较大差异，选择不同的滞尘量计量单位树种滞尘量排序会相应地发生变化。对 26 种北京市常用落叶阔叶树种从叶片、植株与综合滞尘能力三个方面的滞尘能力水平聚类分析将北京市居住区绿地常用落叶阔叶树种大致分为 5 类。第一类综合滞尘能力强的仅有紫叶李；第二类综合滞尘能力较强，有银杏、榆叶梅、紫薇和金银木；第三类综合滞尘能力中等，有毛白杨、紫叶桃、栾树、白蜡、紫丁香、连翘和迎春；第四类综合滞尘能力较弱的是法桐；第五类综合滞尘能力弱的有杜仲、加拿大杨、绦柳、刺槐、国槐、石榴、臭椿、洋白蜡、紫叶小檗、木槿、棣棠、西府海棠和华北珍珠梅。最终我们认为植物滞尘能力的大小与其叶表特征、滞尘方式、株型结构、整株叶量及所处环境含尘量等密切相关，评价树种滞尘能力时应进行综合考虑（见附录 C）。

## 4.5　不同绿地空间结构与绿地率的滞尘效益

　　城市绿地作为"城市之肺"，可净化空气，增大大气环境容量，滞尘效益的影响因子日益受到国内外学者的关注。城市绿地滞尘效益与滞尘时间、气象条件、绿地绿量、绿地空间结构、郁闭度、绿化覆盖率等因素存在密切的联系（粟志峰等，2002；郭伟等，2010）。目前国内外学者对滞尘能力的单一影响因素的研究较多，尚无对绿地滞尘效益影响因子的系统分析。

### 4.5.1　不同绿地空间结构的滞尘效益

不同结构类型的绿地所发挥的滞尘效益具有较大差异，各种绿地类型均具有明显的滞尘作用。研究结果显示，各种绿地类型的$PM_{10}$浓度低于道路，并且乔灌、灌草、乔灌草和乔草型绿地的滞尘作用明显大于单一类型绿地（孙淑萍等，2004）。

绿地滞尘效益的差异主要来源于三个方面：第一，乔灌草组成的复层结构的绿地可以提高单位绿地面积的绿量，从而滞留更多的粉尘；第二，复层结构的绿地为粉尘的截留提供了条件，枝叶表面的部分粉尘会由于大风等气象条件的影响而重返大气中，此时粉尘被其他结构层次的植物枝叶再次截获，减少二次扬尘等现象。第三，复合结构可以有效降低绿地及周围的风速，为枝叶表面粉尘的滞留提供了条件。因此，建立由乔、灌、草组成的合理的复层种植结构，是提高绿地滞尘效益的切实可行的方法。

### 4.5.2　不同绿地率和绿化覆盖率的滞尘效益

绿地率和绿化覆盖率是影响绿量的重要指标，间接影响绿地的滞尘效益，提高绿地率和绿化覆盖率均可在一定程度上提高绿地的滞尘效益。

绿地率方面，采用多功能精准型激光粉尘仪对城市不同绿地的$PM_{2.5}$质量浓度进行测定表明，$PM_{2.5}$质量浓度随着绿地率的增加而降低（郭含文等，2013）。绿化覆盖率方面，绿化覆盖率越大，颗粒物含量越低，绿化覆盖率为98%的区域与绿化覆盖率为5%的区域颗粒物浓度相差80%以上（粟志峰等，2002）。对北京城区不同绿化覆盖率和绿地类型的$PM_{10}$浓度的测定表明，提高总体绿化覆盖率和营造合理的绿地类型能够在一定程度上降低城区空气中的$PM_{10}$浓度（孙淑萍等，2004）。

## 4.6　通过绿化提高绿地滞尘效益的途径

如第2章所述，提升社区绿化可提高所有生态效益的单项指标，滞尘效益也不例外。城市绿地的滞尘效益十分显著，目前已经被许多学者研究证实。而城市绿地主要是通过植物群落降低风速而起到减尘作用的，进而通过植物枝叶对粉尘的滞留发挥滞尘效益。因此，园林植物群落的滞尘能力在一定程度上与植物群落大小呈正相关。所以，只有改善社区园林绿化方式，才能更为有效地提升园林绿地的滞尘效益，促进社区环境清洁度的优化。

乔木枝叶繁茂，且树冠空间体积庞大，总叶面积大，因此全树滞尘量十分显著。常绿树则因叶片短簇，叶表面积大，且叶片繁密，绿量较高。因此绿地的滞尘效益会在一定程度上随着乔木和常绿树的比重升高而增大。对群落中的七个层片进行分析表明，单位绿化覆盖面积滞尘能力依次为落叶阔叶灌木＞常绿阔叶灌木＞绿篱＞常绿阔叶乔木＞落叶阔叶乔木＞针叶乔木＞草本（陈芳等，2006）。

但是在园林应用时，应综合考虑群落的空间结构等因素，合理配置植物群落。目前，尚无对各层片植物合适比例的研究。

此外，许多学者的研究成果均已表明，乔-灌-草复合结构的绿地具有较好的滞尘作用，这是目前较为理想的群落类型。乔-灌-草复合结构可以明显增加单位绿地面积绿量，从而增加单位绿地面积滞尘量。同时，选择适应性强的地被材料对裸露地面进行覆盖，可以有效缓解地表的二次扬尘。合理运用滞尘能力强的植物也是提升绿地滞尘效益的途径之一，优良的滞尘植物可以在有限的绿地面积内提高绿地的滞尘效益。在大气颗粒物污染日益严重的今天，滞尘能力是选择园林植物的一个重要指标，在城市绿地中应选择滞尘能力强的植物，以期对治理颗粒物污染起到一定的帮助。

在实际的园林植物应用中，除考虑以上四点因素之外，应根据不同的绿地类型和环境条件进行适当的调整。在重污染地区应加强植物群落的层次，多配置以常绿树种为主的乔-灌-草复合群落。在城市绿地内部，适当增加落叶乔木为主，搭配常绿灌木和常绿草本地被的复合群落。在道路两旁或者小区硬质广场内部，应多点缀大叶黄杨、小叶黄杨等常绿阔叶灌木，即可丰富观赏效果，又可减少人类活动和汽车尾气所带来的大气可吸入颗粒物含量。在风沙较大的风口区域，应在地面表层铺设常绿灌木或常绿草本，避免因黄土裸露引起的二次扬尘。

# 第5章 绿化的降噪效益

噪声污染是城市化进程中逐渐凸显出来的另一个环境问题。城市高速发展的同时带来了形形色色的噪声源,严重影响了人们的生活,成为现代社会公认的一大环境公害。17世纪,相关学者重点研究了噪声的产生和传播,而20世纪30年代末国外学者才真正开始了对绿化降噪的专门研究。国内外开始关注噪声的测量、评价和控制则始于20世纪50年代,尤其是如何控制噪声使其危害减小到最低限度成为关注的焦点。在诸多控制噪声的手段中,绿化被认为是最环保和最经济的一种方式。发展到现在,绿化降噪的机理、效果及其在园林中的应用已产生了大量可观的成果,其对于营造静谧、舒适的公共小环境具有重要意义,并且仍有许多提升空间。

## 5.1 城市噪声污染

随着城市经济的飞速发展,工业、生活、交通、施工等多方面产生的城市噪声污染也愈发严重,不断影响和干扰人们的正常生活和工作,尤其在居住区、医院、学校、公园等需要安静的场所,城市噪声极大程度地影响着人类的身心健康。要创建和谐社会,实现人类社会的可持续发展,就必须解决城市噪声污染问题,还人类一个安静的居住环境。

### 5.1.1 城市噪声的定义及特点

环境噪声是指在工业生产、建筑施工、交通运输和社会生活中所产生的影响周围生活环境的声音。其中,城市噪声是具体到城市居民生活环境的噪声,通常是指在城市中产生的频率混杂、呆板、凌乱,对人们的生活、工作、学习和健康有妨碍的声音。相关研究表明,噪声在50dB以下,对于人体健康没有明显的影响;在50dB时开始影响脑力劳动;而当噪声达到70dB时,对人体健康会产生显著危害(肖笃宁和李秀珍,1997)。随着工业的高度发展和城市人口的迅猛膨胀,噪声污染也呈现出越来越强、越来越多的趋势,并逐渐升级为当今社会四大公害之一。

噪声的来源十分广泛,既有源于自然界的噪声,如火山爆发、地震、潮汐和刮风声,也有人为活动产生的噪声,如交通运输噪声、工业生产噪声、建筑施工噪声、社会活动噪声等,这些影响城市环境的噪声均为城市噪声(高红武,

2009）。城市噪声源按照人的活动方式，主要分为交通噪声、工业噪声、建筑施工噪声、社会噪声四类，其中交通噪声对环境的影响最为广泛。统计表明，2008年北京市建成区区域内环境噪声平均值城区为 53.6dB，而道路交通噪声则达到 69.6dB（北京市统计局，2009）。

另外，还需清楚城市噪声与水、大气、固体废弃物等其他三大社会污染相比，具有明显的差异。首先，噪声是感觉公害，是包含主观因素的，人们对于噪声的判断与其所处的环境及主观意志是密不可分的。一旦影响人们的工作或休息，并令人觉得厌烦的声响，即被人们认为是噪声，这是一种根据受害人的生理和心理因素影响情况的判断方式。其次，噪声具有局限性和分散性。局限性是指噪声源只能影响它周围的一定区域，具有一定的影响范围。而所谓分散性是针对环境中的噪声源而言的，环境中任何物体都有成为噪声源的可能性。再次，噪声具有能量性。噪声是由发声物体以振动形式向外界辐射的一种声能，是能量性质的污染，不能进行物质累积。如果声源停止振动发声，声能直接失去补充，噪声污染立即终止，危害随之消除。最后，噪声具有波动性、难以避免性和危害潜伏性。所谓波动性是指噪声声能量具有很强的绕射能力，是以波动的形式传播的；至于难以避免性，有如"迅雷不及掩耳"，猝不及防，噪声以 340m/s 的速度传播，即使闻声而逃，也来不及逃避；危害潜伏性是指噪声的危害极大，一开始可能难以察觉，可一旦日积月累，长期暴露在高分贝噪声条件下，便会造成心理上和生理上的双重伤害（巴成宝，2013）。

## 5.1.2　城市噪声污染的危害

相关统计表明，近年来，有关环境污染的投诉中有近一半为噪声投诉，城区内有超过 10 万市民饱受交通噪声之苦；10% 左右的职业病是由噪声引发，而噪声职业病的发病率已经位居北京市榜首，成为影响城市居民身心健康最主要的因素之一（晓康，2003）。噪声投诉的现象为何如此严重？城市噪声污染对人体健康的影响和危害到底有多大呢？

城市噪声首先会影响人们的正常生活，包括正常睡眠和休息。有研究显示，当两人相距 1.5m，周围环境中的噪声达到 66dB 时，谈话时要提高声音对方才能听得清楚；当周围环境噪声高于 90dB 时，即使大声喊，对方也不能听清楚（张邦俊和翟国庆，2001），这严重干扰了城市居民的日常交流活动。城市噪声也会影响人的睡眠和休息。当周围环境噪声高于 55dB 时，居民的睡眠将会受到较为严重的干扰；而突然响起的噪声，只要达到 60dB，就能使 70% 正处于睡眠中的人惊醒；长时间受到噪声干扰的人，会出现睡眠不足、头晕头痛、甚至失眠症的现象，严重者会产生抑郁、烦躁、易怒的情绪，甚至失去理智，心理上受到严重干扰（任文堂，1984；姚玉红等，2000）。除此之外，城市噪声也影响着人们的学习和工作，在噪声的刺激和干扰下，人们容易心情烦躁，从而引起注意力分散、疲劳、反应迟钝等情况，导致工作和学习效率降低（李家华，2003）。

其次，当城市噪声达到一定程度，会直接影响人类的身体健康。有大量的试验和调查表明，噪声会使人的听觉系统受到损害。具体表现为耳鸣、听阈移位、高频听力丧失，然后出现更加严重的不可逆转的听力损伤和耳聋。一般来说，当人们经常暴露在 90dB 以上的环境中时，就可能会产生噪声性耳聋（任文堂，1984）；另外，城市噪声还会引发多种疾病，当噪声作用于人的中枢神经时，会导致大脑皮层兴奋与抑制的平衡失调。如果长期处于这样的状态，就会出现头晕、疲劳、失眠、记忆力衰退等神经衰弱方面的症状（陈俊廷，2007）；噪声还会危害少年儿童的智力发展，对孕妇体内胎儿的发育产生极为不利的影响，甚至可能引起畸形；除此之外，噪声还会影响人的消化系统和内分泌系统。

城市噪声除了对人类健康产生不利影响，还可能引发社会矛盾，从而导致社会劳动生产率下降，造成经济损失。由此可见，城市噪声污染已经成为影响社会经济与城市居民身体健康的严重问题，必须采取相应的措施改变这一现状。

### 5.1.3 城市噪声的控制技术

声音的传播一般是通过声源、传播途径和接收器三个环节来完成的（图 5-1），对于人们需要的声音，必须为其产生、传播和接收提供良好的条件。而对于城市噪声，人们必须竭尽全力抑制它的产生、传播和对听者的干扰（张邦俊和翟国庆，2001）。因此，一般从以下 3 个途径入手。

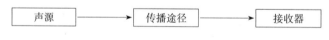

图 5-1　声学系统组成图（引自巴成宝，2013）

#### 5.1.3.1 抑制噪声源

抑制噪声源是控制城市噪声的最根本措施。通过改进生产技术，改变操作流程等方式，最大限度地减小噪声的发生源头，从根本上抑制城市噪声的产生。然而这种方式，需要政府和群众共同参与完成，其涉及的因素也是多方面的，与科技发展和城市规划息息相关，需要政府妥善安排工业、交通运输等用地的相对位置，保证居住区域与高噪声区之间有一定的隔离。

#### 5.1.3.2 控制传播途径

在城市噪声控制中，对传播途径进行控制是最普遍的技术手段，包括隔声、吸声、隔振、阻抗失配等措施（刘佳妮，2007）。对于城市环境而言，最有效的阻隔噪声的方式就是设置噪声屏障，但往往造价很高且美观性差，对人们的视线也会造成阻挡，适用的区域有限。而利用园林绿地的降噪作用，虽然降噪效果不如噪声屏障效果突出，但也发挥着一定的作用，而且具有绿色环保、可持续性强、造价低等优点。加之降噪只是城市园林绿地众多生态功能的一个方面，绿地不但具有降噪的作用，还具有净化空气、调节气候、涵养水源以及养分循环等诸多生态服务功能。因此，运用种植绿化带是最值得推广和实践的降噪手段。

### 5.1.3.3　保护接收器

对于人类自身而言，往往不能在噪声源头和其传播途径上进行阻隔和切断。因此，从保护自身的角度出发，可以采取佩戴耳塞、耳罩、有源消声头盔等措施，抑制城市噪声带来的危害；交通噪声对沿街住户的危害很大，可以安装隔声窗来隔离人们对噪声的接收；而对于精密仪器，我们也可将其置于隔声间或隔震台上。

## 5.2　园林绿地降噪的基本原理

吸声、消声、隔声、隔振等控制技术被现代社会广泛地应用，而在现有的多噪声传播途径的控制手段中，营造绿地是最环保，也是最经济和绿色的一种方式（毛东兴和洪宗辉，2010）。园林绿地对城市噪声的削减与城市裸地相比有很大的差异。据调查，没有树木的高层建筑的街道上空，噪声比种植行道树的街道高 5 倍以上，40m 宽的林带可以削减噪声 10～15dB，而 4m 宽的绿篱也可减弱噪声 5～7dB（蒋美珍，2003）。事实证明，有植被覆盖的城市地表明显拥有更强的降噪效果（图 5-2）。

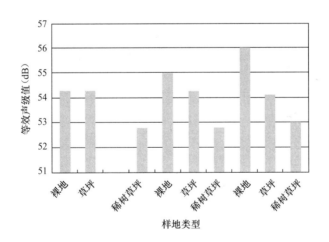

图 5-2　裸地、草坪及稀树草坪的降噪效果对比（改绘自孙伟和王德利，2001）

园林植物能够显著降低城市噪声，主要是由植物体特殊的结构以及植物茎干、枝叶与土壤、地形、大气等多种因素共同决定的。

### 5.2.1　植物体特殊结构降噪原理

植物茎干的构造与微穿孔板吸声结构类似，树皮外表的皮孔可以与外界大气相通，当声波入射于小孔入口处时，植物体内部的导管及管口附近的空气会随声波而振动，空腔内的压力也随着空气的胀缩而变化，空气在开口壁面的振动摩擦由于黏滞阻尼和导热的作用会使声能损耗；当入射声波的频率与共振器的固有频率一致时，植物体内导管孔径的空气柱会产生强烈的振动，并在振动过程中由于克服摩擦阻力而消耗声能；当入射声波频率与共振频率相差较大时，则吸收声波作用较小。植物的叶片结构也可看作多孔吸声器，叶片表面有许多微孔，叶片内部的结构由许多近似平行的毛细管组成，当声波波长远大于毛细管的直径时，管中声传播的吸收系数会比自由介质的声吸收系数大十几倍；声波在毛细管中传播时，管壁的黏滞性吸收占主要地位，使得声波的声能不断转化成热能，声波因此不断地被植物体吸收。此外，细胞壁和细胞膜的特殊构造也可看成是由纤维素和双脂分子组成的"软筋络"，这种筋络的振动和形变也能使声能量产生附加损耗（袁玲，2009）。

### 5.2.2 植物茎干、枝叶与土壤、地形等阻隔降噪原理

除植物本身的降噪因素以外，园林绿地对城市噪声的减弱效益是植物茎干、枝叶与土壤、地形、大气等多种因素综合作用的结果，它包括正常衰减和额外衰减两部分（图 5-3）。其中正常衰减是由声能在传播过程中因球面发散和与空气粒子的摩擦引起（Herrington，1974），这种衰减随距离增加而增大，被称为"距离效应"。额外衰减是由于声源与接收体之间障碍物的反射、折射、散射和吸收引起的。所谓障碍物，除了乔木、灌木、地被植物以外，还包括土壤表面、地形、气象条件等因素，不同的障碍物对不同频谱的声波衰减作用是不同的。园林绿地之所以会对城市噪声有一定的削减作用，最重要的原因是园林植物本身产生的降噪效益。尽管植物不能像实体墙体那样，能够隔离空气中的声音传播，但植物茂密的枝叶，其吸声能力与粗糙的墙壁相当，可以有效地减少声音的反射。

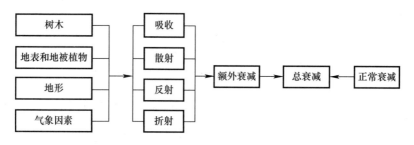

图 5-3  声衰减的影响因素（引自巴成宝，2013）

### 5.2.3 园林绿地综合降噪

园林植物可以通过反射和吸收树体表面的黏热性边界层的声能量，从而对声波起到衰减作用；或者是通过植物群落内部的树枝或茎干的阻尼声驱动振荡衰减声波能量（Embleton，1963；Kragh，1979；Martens，1982；Bullen & Frieke，1982）。因此，园林绿地对城市噪声的削减作用是综合性的，当声波经过园林绿

地时，植物树干以及枝叶的气孔和须毛能够吸收一部分声能，植物的枝条摆动时也能对声波起到散射作用，因此，声波逐渐被减弱直至消失。从能量转化的角度来看，植物枝叶吸收的声能通过声场中的空气分子动能转化为叶片的振动，而这些振动则因为枝叶摩擦被转化成热能，从而最终散失（Burns，1979；Martens，1982；Bullen & Frieke，1982）。

还有研究发现，当声波穿过植被传播时，不同频谱的声能其衰减的作用部位不同。高频声能的衰减主要是由于树叶和树干的吸收作用引起的，其中树叶占主导地位，当叶片较少时，主要通过茎的散射作用而衰减；中频声能的衰减是由于树枝和地面的声散射作用共同引起的；低频声能的衰减主要是依靠土壤和地被植物的吸收、反射和散射作用。另外，园林绿地形成的小气候会导致温度、湿度的梯度变化，从而也会产生声衍射造成声能衰减（表 5-1）。

不同频谱的声能的衰减作用部位　　　　　　　　　　　　表 5-1

| 声谱频段 | 作用部位 | 衰减方式 |
|---|---|---|
| 低频 | 土壤 | 吸收作用 |
| 中频 | 土壤<br>植物枝叶 | 散射作用<br>吸收作用 |
| 高频 | 植物茎干<br>植物叶片 | 反射、绕射作用<br>散射、吸收作用 |

资料来源：引自张庆费和肖姣姣，2004。

## 5.3　植物种类对降噪效益的影响

由于植物是软质景观，绿色叶丛好似一种多孔材料，具有一定的吸声作用，噪声波投射到树木枝叶上，生长方向各异的叶片反射声波而产生微振，使噪声减弱，因此园林植物本身的各项特性对削减城市噪声有重要影响。对于不同类型的植物，其降噪效果有明显差异。

### 5.3.1　乔木的降噪效益

乔木树体高大直立，可以在空气介质中有效地吸收并反射城市噪声，但由于不同种类的乔木之间，枝叶形态的差异很大，对于城市噪声的削减能力也有着显著区别。前人研究发现从乔木的叶部特征出发，阔叶乔木比之针叶乔木，其削减噪声的能力更强，而根据不同类型乔木的降噪量排序结果，发现杨树类的降噪能力普遍强于其他树种，而针叶树的降噪能力较弱（图 5-4）。

在降噪效果相对较好的阔叶树种之间，由于其生长形态不同，植物的降噪效果也是有所差异的。其中，叶片宽大、质地厚实且在植株上分布均匀，分枝点低的植物对噪声的减弱效果最佳；而叶片狭长、质地柔软或叶片较小的树种，如绦

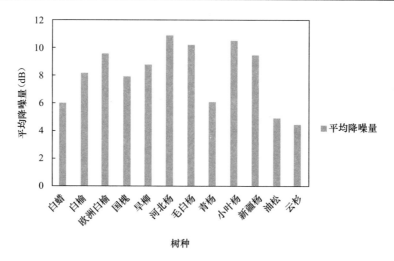

图 5-4　乔木树种的平均降噪量对比（引自耿生莲和王志涛，2013）

柳，因其形成的绿地林带较为稀疏，很容易出现空隙，不能很好地反射和吸收声波，导致其降噪效果要大大低于前者（图 5-5）（巴成宝，2013；刘佳妮，2007）。有研究证实，叶片面积越大、宽度越大的植物降噪效果越好。因此在选择配植降噪植物时，不仅要选择枝叶均匀稠密、叶片总面积大的植物，更要保证叶片有足够的宽度，同时质地厚实，这样营造的园林绿地才能产生更好的降噪效益（巴成宝，2013；张明丽等，2006；王玮璐等，2012）。对于针叶树种而言，常绿、枝叶细密是它的一般特点，在北京市常见的 7 种针叶鳞刺叶植物中，降噪效益最好的树种为龙柏，这可能与它常绿、枝叶稠密、耐修剪、生长快等特点有关；降噪效益相对较差的树种为油松，这可能与其枝叶平展，声波容易直线穿过，无法形成有效的反射、折射作用有关（图 5-6）（巴成宝，2013）。

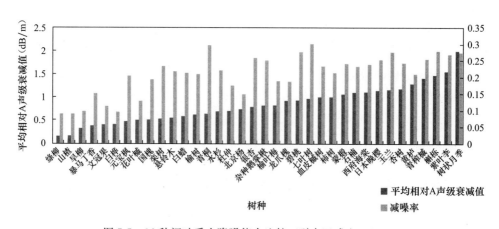

图 5-5　36 种阔叶乔木降噪能力比较（引自巴成宝，2013）

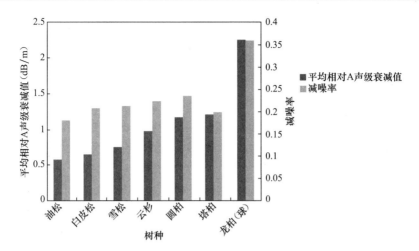

图 5-6　7 种针鳞叶树种单株植物的相对 A 声级减噪能力及减噪率（引自巴成宝，2013）

园林植物叶片的粗糙程度对于植物降噪而言也是一个重要的影响因素。叶片表面粗糙的植物，可以使声波发生漫反射，对噪声的衰减效果更加明显。因此叶片表面有毛且粗糙的树种降噪效果要好于叶片表面无毛光滑树种（王玮璐等，2012）。如香樟、构树对不同频率噪声的隔声量远远超过水杉，而叶表被绒毛的构树与香樟相比，其降噪能力又更胜一筹（图 5-7）。

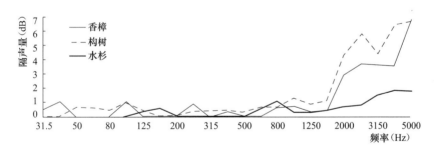

图 5-7　不同叶型树种隔声量比较（引自郑思俊等，2006）

### 5.3.2　绿篱及灌木丛的降噪效益

绿篱是城市园林绿地中最常见的形式之一，通常为密植常绿灌木并修剪成一定的形状，与其他乔灌草搭配形成千姿百态的绿色屏障，起到削减城市噪声的作用。绿篱及灌木丛与乔木相比，叶层分布更低，枝叶相对更加稠密，且多密植，虽然体量不大，但往往能有很强的降噪能力，如珊瑚树、海桐、杜鹃、含笑等，可降低噪声 5～7dB（杨小波和吴庆书，2004）。常见的绿篱形式一般可分为 4 种，各自的降噪效果如下（陈振兴等，2003）：

（1）围栏＋攀缘植物

这类绿篱一般是由围栏与攀缘植物共同形成的，爬满后高度可达 1.8～

2.2m，通视率为 5％左右。因攀缘植物无法达到较宽的绿篱宽度，如地锦、凌霄、金银花、炮仗花等，其减噪效果并不理想。

（2）低矮灌木＋高桩乔木

低矮灌木高度不超过 1.5m，一般作整形处理与高桩乔木（枝下高 2m）搭配形成绿篱，通视率一般为 10％左右。南方地区常用的低矮灌木有黄榕、九里香、福建茶、山瑞香等，高桩乔木如桃花心木、海南红豆、麻楝、玉兰等常被栽植于外侧。这种绿篱高度较矮，结构单一，而且密度不大，减噪效果一般。

（3）小花木＋高灌木＋高桩乔木

这类绿篱是由高中低不同层次的乔、灌、花木组成的，属于复合结构绿篱，一般较高，通视率约 10％。灌木高度超过 2m，小花木种植于内侧，外侧为高桩乔木，三者共同组成复合形态绿篱，因此结构紧密，层次复杂，具备一定的高度且通视率小，能够形成密集的屏障阻隔噪声。如南方地区小花木的种类常包括红绒球、马缨丹、龙船花、杜鹃等；灌木则有垂榕、细叶榕、假连翘、大红花等；高桩乔木则常用香樟、榕树、阴香等。

（4）自然生长的常绿灌木＋高桩乔木

这类绿篱是由自然生长的常绿灌木与高桩乔木组成的，密度不高，通视率可达 20％。南方地区常见的常绿灌木有鸭脚木、勒杜鹃、夹竹桃、棕竹等；高桩乔木则常使用竹柏、黄槐等。由于常绿灌木未经人工修剪，绿地可视率较高，若要与复合型绿篱的降噪效果相匹配，则必须加大绿地的种植密度。

### 5.3.3 草坪及地被层的降噪效益

城市园林绿地草坪草种和地被植物常以禾本科和豆科植物为主，根据植物降噪的基本原理，我们不难发现，叶片更加稠密的禾本科草坪降噪效果要好于白三叶等豆科植物形成的地被（图 5-8）。因此在种植草坪以降噪防噪为主要目的时，

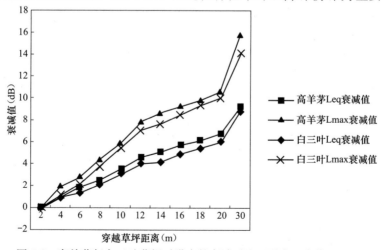

图 5-8 高羊茅与白三叶草坪对噪声的衰减对比（引自王春梅，2007）

应当考虑选择禾本科植物作为绿化草坪的草种。当然,更多的地被植物的降噪效益还有待进一步研究。

为了保证草坪的降噪效果,在后期的养护管理时要注意保持草坪足够的高度(26～35cm),并且草坪种植宽度不应小于12m,长度与道路一致,沿路边种植。草坪植物高度较低,可以在近地面处(0～0.3m)对高频噪声产生削弱作用,并且随着穿越草坪距离的增加,草坪对高频噪声有更强的削弱效果。

## 5.4 绿地特征对降噪效益的影响

### 5.4.1 绿地宽度

早在1971～1973年间就有研究表明,植物群落的降噪效益与群落的宽度有关(Reethof,1973;Cook & Van Haverbeke,1974)。后来则不断有研究证实,绿化植物群落的宽度、长度、能见度及排列方式等是比单纯的植物本身的枝叶大小和枝干特性更有效的降噪因素(Fang & Ling,2005)。绿地的降噪程度随植物群落宽度增加而增加,但并非是严格的线性关系,只有当绿地宽度达到一定数值时,才能突显出绿地的降噪效益。一般来说,宽度达到15～20m的绿带已经可以具有较好的减噪效果,但是在按照实际分贝要求降低噪声源的情况下,至少需要30m宽的植被带。

### 5.4.2 群落结构

园林绿地的降噪效益与园林植物群落的配置方式有密切关系。乔-灌-草相结合的复合型植物群落比单一结构的植物群落具有更加显著的降噪效果,而且随着复合型结构复杂性的增加,群落对噪声的减弱作用越明显。乔-灌-草三种类型相结合,使绿地在从地面到植被顶点的所有高度上,均有植物对噪声形成阻隔。不同种植物的搭配,也能够各自发挥自身独特的降噪功能,从而可以更有效地发挥园林绿地降噪的生态效益。地被、灌木、乔木、绿篱所形成的复合型植物群落配置方式,结构层次多、结构紧密、郁闭度高,使绿地内没有比较空旷的空间,因此对噪声的反射和吸收能力高。这类群落组成的绿地降噪水平多在6～9dB/10m左右,减噪效果十分明显。而郁闭度相差10%的绿地减噪效果约相差0.3～0.8dB,树种间的差异也非常明显(张庆费,2004)。

影响复合型结构园林绿地降噪效果的因素,主要与绿地的宽度、通视率及地上部分生物量有关,结构越复杂、枝叶越密集的绿地具有更好的降噪效果。

### 5.4.3 郁闭度

绿地植物群落的郁闭度和密度对减噪效果的影响也十分显著。植物平均高度和平均枝下高表明了群落冠层的主要位置,而噪声的衰减主要是植物冠层对声能的反射和吸收引起的。因此，在面积相同、乔木层高度一致的群落之间，郁闭度越高，群落密度越大，声波通过植物群落时所遇到的反射和吸收面越多，植物群落降噪的效果越好。在由同种植物组成的植物群落中，种植间距小、郁闭度大的植物群落降噪能力更强。另外，有研究表明，在郁闭度分别为60％和70％的水杉群落间的净减噪量相差约0.2dB/10m（张庆费，2004）。因此，植物群落郁闭度越高，园林绿地产生的降噪效益越大。

### 5.4.4 植物的排列形式

园林绿地中，植物的排列方式不同，绿地的群落密度也会发生相应的变化。通过对比不同种植密度下，交错式、对齐式、散点式三种植物排列方式产生的降噪效益，可以发现群落的降噪效果基本是随着种植密度的增长而升高的，而当种植密度较低时，为了保证声波在传播过程中受到最大程度的枝叶遮挡，则散点式排列可以达到最好的降噪效果。

另外，在此研究中还发现，对于阔叶植物而言，低频段声波的降噪效果与种植密度的关联性不强，过密的排列反而会产生严重的负衰减，并且周期性的排列方式（交错式、对齐式）在种植密度适中的情况下，产生的降噪效果最好（刘佳妮，2007）。

## 5.5 环境因素对降噪效益的影响

### 5.5.1 声源位置

大量的研究证实，园林绿地的降噪效果会随距噪声源的距离增加而减小（图5-9）。植物群落距离噪声源越近，降噪效果越好。绿地的平均高度与这种距

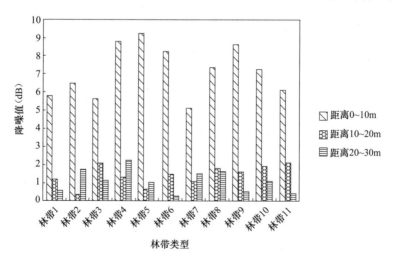

图5-9　相等宽度林带距噪声源的不同距离的降噪效果（引自王玮璐，2012）

离也有关系，当绿地距声源距离小于 4m 时，平均高度为 3.8m 的绿地降噪效果最好；当绿地距声源距离大于 4m 时，平均高度大于 7m 的绿地降噪效果好。同时，为避免噪声绕射，园林绿地应该沿噪声敏感目标的两侧延伸到长度为绿地到声源距离的 3 倍以上的距离（张宏昆，2009）。

　　声源与绿地距离的干扰还表现在乔-灌-草植物的降噪差异上。当绿地与噪声源相距较近（小于 20m）时，乔木类绿地要比灌木绿地的降噪效益高，但超过一定距离（20～30m）时，灌木类型的绿地降噪效果则要略好于乔木类（图 5-10）。

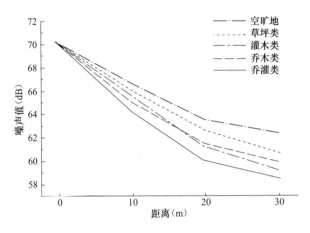

图 5-10　不同植物类型在不同距离下降噪效果的差异（引自王玮璐，2012）

## 5.5.2　地形

　　地形或其他固体障碍物能够增强园林绿地的降噪效益，利用植物与起伏地形、坡地组合，能够提高绿地的降噪效果。低于地面的干道与行道树林带的结合是削减交通噪声的有力措施，当坡地高出地面 2.5m 时，林带的降噪效益最为显著（张庆费，2004）。中国台湾住宅与都市发展局（1982）提出了运用植物控制噪声的设计原则和方法，如植物景观与下凹地形或建筑结构的配合设计，推广立体绿化，植物与多孔软质建材搭配等方式，都可以有效地增强园林绿地的降噪效益，并且优于单一的植物手段。

## 5.5.3　地表和大气条件

　　不同性质的地表材料对噪声有着不同的反射和吸收作用。园林绿地中，硬质地面对噪声表现出完全的反射作用，因此与软性土壤相比，降噪效果要差得多。而土壤对噪声的削减并非完全通过吸收作用，当噪声表现为低频段时，土壤的降噪效益主要表现为吸收声波，而当噪声为中频段时，则因为土壤孔隙度的不同而表现出散射作用。

　　大气条件主要包括风速、温度、湿度等，其中影响园林绿地降噪效益最重要的因素是相对湿度。相对湿度能够影响多孔材料的性能，会阻抗地面土壤对声波的吸收以及植物体对声波的散射。有研究表明，大气中的相对湿度对所有频率的声衰减率都有明显的影响，在相对湿度为 75% 时影响最甚（Fricke，1984）。

## 5.6 通过绿化提高绿地降噪效益的途径

　　城市园林绿地的宽度影响着降低噪声的明显程度。在配置合理的园林绿地中，通常 4～5m 宽的植物群落条带能降低噪声 5dB（李丹燕，1999）。园林植物强大的降噪能力是其所能发挥的生态效益中的一部分，对改善城市声环境有重要意义。正如诸多研究中已被证明的一样，以高大乔木为主的高郁闭度绿化空间，其降噪效果较好。也就是说，重视提升社区绿化水平，才能更为有效地改善社区声环境，促进社区舒适度感受的优化。此外，改善群落配置结构也是提高绿地降噪效益的手段之一。园林绿地的降噪效益与园林植物群落的配置方式有着密切的关系，乔-灌-草相结合的复合型植物群落比单一结构的植物群落具有更加显著的降噪效果。因此，在树种选择和种植设计营造上，应构建乔、灌、草、藤复合群落，避免大草坪或单一结构的林地出现，形成大绿量、高群体、紧密、覆盖度高和能见度低的紧实浓密型群落结构。

　　为了在各个需保护的高度均取得较好的降噪效果，应对上中下三层的植物都进行合理的选择：首先，上层植物应以落叶树种为主，适当搭配常绿树种，这样既能为中层植物提供适宜的生长空间也能在各个季节为处于高处的受声体提供防护作用。中层是阻隔噪声的主体，对于植物的选择应以常绿、分枝低、叶片大而厚，且枝叶生长密集为标准。下层植物的选择应随种植形式和需保护对象的高度而异，当声源和需保护的对象离地面较高，中层又已经较为密集时可不使用地被植物，因土壤的反射和吸收效果与地被植物相差不多；当中层不太密集而声源和需保护的对象离地面较近时，可选用叶片较大的地被植物增加近地的反射作用，草坪则不太适宜使用（刘佳妮，2007；巴成宝等，2012）。在北京地区，可利用高大乔木如杨树为群落上层，中等高度的玉兰、女贞等为亚乔木层，林下配置欧洲荚蒾、紫丁香、山茱萸等灌木，同时外侧营造小叶黄杨树篱，可以达到较好的减噪效果（陈振兴，2003）。

　　另外，还可选用一些降噪能力较强的树种。综合前文中已有的研究结果，可以得到如下结论：常绿、枝叶浓密、树叶厚革质、树体高大、冠幅宽大的植物，有助于提高绿地的消声量。当然，对于一些特殊的落叶树种，如悬铃木、墨西哥落羽杉、枫杨等高大乔木，尽管是落叶树种，但春夏秋季枝叶繁茂，浓荫覆盖，隔声效果佳，与常绿乔木和灌木进行合理配置之后，也能发挥良好的减噪效果。通过对比北京地区常见的园林植物的降噪效益，推荐应用以下树种：

　　阔叶乔木：七叶树、青桐、玉兰、日本晚樱、青榨槭、槲栎、紫叶李、血皮槭树、柿树、蒙椴、石楠、黄栌等具有良好的降噪效果。

　　阔叶灌木：欧洲荚蒾、牡丹、山茱萸、紫丁香、木槿、华北珍珠梅、紫荆、黄刺玫等降噪效益较高。

　　针鳞叶树种：龙柏（球）、塔柏、圆柏、云杉等有良好的降噪效果。

　　阔叶绿篱类：小叶黄杨、大叶黄杨、金叶女贞等，产生的降噪效果较为理想（巴成宝，2013）。

　　除了从植物种类和群落角度进行考虑外，依据声源距离进行配置以及注重微地形的塑造也是提高降噪效益的有效手段。植物群落距离噪声源越近，降噪效果越好，因此可以在噪声源附近着重植物群落的配植，减弱噪声源的干扰。另外，绿化带高度对减噪效果的影响与声源和绿化带间的距离也有一定关系。同时，为避免噪声绕射，绿化带应该沿噪声敏感目标两侧延伸到长度为绿化带到受声点距离的 3 倍以上距离（张宏昆，2009）。在配置群落时，可以把这一因素考虑在内。根据前文的文献研究可知，地形或其他固体障碍物能够增强园林绿地的降噪效益，通过植物群落与地形的组合，能够提高绿地的降噪效果。由于当坡地高出地面 2.5m 时，林带的降噪效益最为显著（张庆费，2004），因此，在进行植物群落规划设计时，在不影响使用功能的情况下，应注重竖向空间的塑造和围合，合理提升局地高差，以形成一个静谧、舒适的居住环境。

# 第6章 绿化改善大气微生物的效益

空气微生物作为评价环境空气清洁度与空气污染水平的一个指标，近年来也在人居环境质量评价中越来越受到各界的重视。环境卫生条件差，空气中的有害污染较多都会导致微生物滋生扩散，危害人体健康。绿色植物可以通过自身所具有的一些特定生理生化作用，向外界释放某种杀菌物质，从而可以有效地降低空气微生物含量，有不同程度的抑菌、杀菌能力。作为城市生态系统中具有重要自净功能的城市绿地，对净化城市空气有重要的意义。

## 6.1 空气微生物与人体健康

### 6.1.1 空气微生物

空气微生物是指空气中细菌、霉菌和放线菌等有生命的活体。其种类繁多，颗粒粒径通常在 $0.25 \sim 30 \mu m$ 间，一般来自于自然界的土壤、水体微生物扩散，动植物、人类等活动。此外，自然以及人类生物过程如污水处理、动物饲养、发酵过程等也是空气微生物的重要发源地。室外空气由于受到环境因子的影响较大，并不是微生物理想的生存环境（方治国等，2004）。空气中的自然微生物主要是非病原性腐生菌，目前已知的空气中的细菌和放线菌有 120 余种，真菌有 4 万余种，但是仍有很多微生物种类未被发现（Song et al.，2000；于玺华，2005）。

大气中的微生物大多依附灰尘等气溶胶粒子而构成微生物气溶胶（micro biological aero sol）。双相气溶胶形式的微生物，既是粒子，又是气体。一般研究微生物时，将微生物气溶胶作为一个整体进行研究。微生物气溶胶具有来源的多相性、种类的多样性、活性的易变性、播散的三维性、沉积的再生性、感染的广泛性等 6 大特性（孙平勇等，2010）。气溶胶的活性从它形成的瞬间开始就处于一直变化的状态。影响微生物气溶胶衰减和总量的因素很多，主要有：微生物的种类、气溶胶化前的悬浮机制以及各种环境因素。空气微生物的含量是其输入和衰减动态平衡的结果。

目前空气微生物的研究可以通过采样、培养的方式进行，近年来随着科技的发展，一些分子生物学技术也在空气微生物的研究中进行了大量应用。常见的空气细菌有 21 属，其中优势菌属为芽孢杆菌属（*Bacillus*）、葡萄球菌属（*Staphylococcus*）、微球菌属（*Micrococcus*）和微杆菌属（*Microbacterium*）；真菌有 21

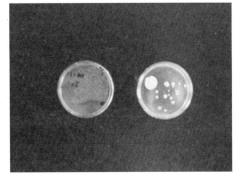

图 6-1　空气沉降的霉菌

属，其中优势菌属为交链孢属（*Alternaria*）、青霉属（*Penicillium*）、曲霉属（*Aspergillus*）和木霉属（*Trichoderma*）；放线菌共有 7 属（方治国等，2004；凌琪，2009）（表 6-1）。而在大城市中，空气微生物有明显的升高效应，如北京、上海等地，空气微生物含量较高，容易诱发各种疾病。各个城市因为其环境、生态条件不一致，微生物的种类、数量等也有较大区别。

不同城市空气微生物分布特征　　　　表 6-1

| 微生物种类 | 北京 | 抚顺 | 沈阳 | 合肥 | 南京 | 上海 | 广州 | 成都 | 兰州 | 乌鲁木齐 |
|---|---|---|---|---|---|---|---|---|---|---|
| 细菌 *Bacteria* | | | | | / | | / | / | | |
| 芽孢杆菌属 *Bacillus* | ＋ | ＋ | ＋ | ＋ | | ＋ | | | ＋ | ＋ |
| 微杆菌属 *Microbacterium* | ＋ | ＋ | ＋ | － | | － | | | ＋ | － |
| 短杆菌属 *Brevibacterium* | ＋ | ＋ | | | | － | | | － | |
| 棒杆菌属 *Corynebacterium* | ＋ | | | | | ＋ | | | ＋ | |
| 产碱杆菌属 *Alcaligenes* | ＋ | ＋ | | | | | | | ＋ | |
| 节杆菌属 *Arthrobacter* | ＋ | | ＋ | | | | | | ＋ | |
| 拟杆菌属 *Bacteroides* | － | | | | | － | | | ＋ | |
| 不动杆菌属 *Acinetobacter* | | | | | | ＋ | | | | |
| 乳酸杆菌属 *Lactobacillus* | | | | | | | | | ＋ | |
| 李斯德氏杆菌属 *Listerium* | | | | | | | | | ＋ | |
| 葡萄球菌属 *Staphylococcus* | ＋ | ＋ | ＋ | ＋ | | ＋ | | | ＋ | ＋ |
| 微球菌属 *Micrococcus* | ＋ | ＋ | ＋ | | | ＋ | | | ＋ | |
| 双球菌属 *Diplococcus* | | ＋ | | | | | | | | |
| 链球菌属 *Streptococcus* | ＋ | ＋ | | | | ＋ | | | | |
| 足球菌属 *Pediococcus* | | ＋ | | | | | | | | |
| 奈瑟氏球菌属 *Neisseria* | | ＋ | | | | ＋ | | | | |
| 假单孢菌属 *Pseudomonas* | ＋ | ＋ | | | | ＋ | | | | |
| 纤维单孢菌属 *Cellulomonas* | － | － | ＋ | | | | | | | |
| 动胶菌属 *Zoogloea* | － | ＋ | | | | | | | | |

注：＋有分布；—无分布或分布极少。

续表

| 微生物种类 | 北京 | 抚顺 | 沈阳 | 合肥 | 南京 | 上海 | 广州 | 成都 | 兰州 | 乌鲁木齐 |
|---|---|---|---|---|---|---|---|---|---|---|
| 克雷伯氏菌属 Klebsiella | — | — | + | — | | — | | | — | — |
| 布鲁氏菌属 Brucella | — | — | + | — | | — | | | — | — |
| 真菌 Fungi | | | | | | | | | / | / |
| 青霉属 Penicillium | + | + | + | + | + | + | + | + | | |
| 曲霉属 Aspergillus | + | + | + | + | + | + | + | + | | |
| 拟青霉属 Paecilomyces | + | — | — | — | + | + | — | + | | |
| 根霉属 Rhizcpus | — | + | + | — | — | — | — | — | | |
| 毛霉属 Mucor | — | + | + | + | — | — | — | — | | |
| 木霉属 Trichoderma | + | + | + | — | — | — | + | + | | |
| 交链孢属 Alternaria | + | + | + | + | + | + | — | — | | |
| 镰孢属 Fusarium | + | — | — | — | — | — | — | — | | |
| 匍柄霉属 Stemphylium | — | — | — | — | — | — | — | + | | |
| 腐质霉属 Humicola | — | — | — | — | — | — | — | + | | |
| 酵母属 Saccharomyces | + | — | — | — | + | — | + | + | | |
| 红酵母属 Rhodotorula | + | — | — | — | — | — | + | + | | |
| 多胞菌属 Pleosporaceae | + | — | — | — | + | — | — | — | | |
| 枝孢属 ctadosporium | — | — | — | — | — | + | — | — | | |
| 白僵菌属 Beauveria | — | + | — | — | — | — | — | — | | |
| 附球菌属 Epicoccum | + | — | — | — | — | — | — | — | | |
| 脉孢菌属 Neurospora | + | — | — | — | — | + | + | + | | |
| 黑孢属 Nigrospora | + | — | — | — | — | + | — | — | | |
| 毛匐孢菌属 Botryotrichum | + | — | — | — | — | — | — | — | | |
| 黑团孢属 Periconia | — | — | — | — | — | — | + | — | | |
| 刚毛孢属 Pleiochaeta | — | — | — | — | — | + | — | — | | |
| 放线菌 Actinomycete | / | | | / | / | / | / | / | / | / |
| 原放线菌属 Proactinomyces | | + | + | | | | | | | |
| 链霉菌属 Streptomyces | | + | + | | | | | | | |
| 链孢囊菌属 Streptosporangium | | | + | | | | | | | |
| 小单孢菌属 Micromonospora | | + | — | | | | | | | |
| 小多孢菌属 Micropolyspora | | + | — | | | | | | | |
| 钦氏菌属 Chainia | | — | + | | | | | | | |
| 小瓶菌属 Ampullariella | | — | + | | | | | | | |

资料来源：引自方治国，2004。

空气微生物是城市生态系统重要的生物组成部分，具有非常重要的生态功能，如调节空气质量、完成各项循环功能等，还与城市空气污染状况以及人体健康状况紧密相关。另外，城市空气中的微生物状况也是城市环境综合因素的集中体现，是城市空气质量指标的主要组成部分（Wright et al.，1969）。近些年来，随着大气颗粒物污染加重，相关的大气环境问题更加引起人们的关注，大气微生物也成为相关研究的热点之一。

### 6.1.2　空气微生物与人体健康

大气污染物对人体健康的影响十分复杂，可分为化学、物理和生物因子三种。其中化学因素最受人们的关注，国内空气污染研究多集中在理化性质方面，如TSP、$PM_{10}$、$PM_{2.5}$、烟粉尘、沙尘气溶胶、$SO_2$、$NO_x$、光化学烟雾等，而对于同样对人类健康有较大影响的空气微生物则未引起足够的重视。近年来，非典型肺炎（SARS）、禽流感（AI）等传染性疾病不断出现，跨区域传播、生物污染事件愈发严重。尤其是自 2009 年以来，禽流感在全球蔓延，已致使上千人死亡。空气微生物颗粒穿透人体的界限如图 6-2，其对人体健康的影响可分为两类，（1）引起传染病的传播：很多传染病原体通过飞沫传播，引起感冒、麻疹、出血热、腮腺炎、

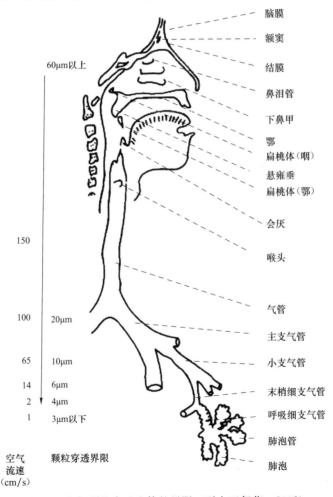

图 6-2　空气颗粒穿透人体的界限（引自于玺华，2002）

水痘等传染性疾病（Sanchez-Moral *et al.*，2005）；（2）引起非传染性疾病：空气中的细菌有些是致病菌和条件致病菌，当人体免疫力较低时会引起呼吸道类疾病，很多真菌和放线菌孢子也可引起过敏反应、毒性反应等疾病（Gutarowska & Jaku，2001）。

### 6.1.2.1 空气微生物影响健康的机理

空气传播微生物从而引起呼吸性疾病的能力主要取决于微生物依附的空气中固体颗粒的大小（张波和孟紫强，1995），空气固体颗粒物大小也在一定程度上影响着空气微生物污染的现状。由于人体呼吸道的生理结构特殊、表面积大，空气中的病原微生物粒子就会通过人的鼻、咽、喉、气管、支气管等器官进入到肺泡，从而引起相应部位的感染。据统计，成年人约有 3 亿个肺泡，总面积达 $70m^2$，约是人体体表面积的 40 倍。因此，这些生理结构特征导致了人体易受空气中病原微生物的感染。再者，空气的流动性和扩散性引起病原微生物气溶胶四处扩散，使得在短时间内产生大量病例（杜喆华，2012）。一个成年人在一般休息状态下一昼夜要呼吸 $10m^3$ 的空气，重达 16kg（明惠青，2011），导致大量的空气微生物随着空气进入体内。大多数情况下空气中的自然微生物主要是非病原性腐生菌，但仍有很多真菌对人体有害（张秀珍等，1993）。通常许多真菌孢子是通过呼吸道进入人体，这些微生物对于人体肺泡是个巨大的负荷，能够引起致癌、突变、空气感染等多种疾病。

### 6.1.2.2 不同粒径尺度对人体健康的影响

粒径尺度是空气微生物的一个重要参数，它影响到微生物在空气中的存活、沉降、空间分布、传输和在人体呼吸系统中的沉积，也对开展空气微生物污染的监测有重要意义。众多研究者针对不同地区、采用不同的方法对环境中的微生物气溶胶粒子的大小进行了测定，得到的结果也有差异。总体来看，空气中的微生物种类超过 50 万种，气溶胶粒谱分布的范围也很宽，为 $0.002\sim30\mu m$（于玺华，2002）。二十多年前，相关学者曾采用 ANDERSEN 采样器对空气中细菌和真菌的粒度分布进行测定，发现北京西单 83% 的空气细菌粒子大于 $2\mu m$，29.8% 的粒子粒径大于 $8.2\mu m$；而北京丰台的空气真菌峰值中心位于 $3\sim6\mu m$，35.7% 的真菌粒径大于 $8.2\mu m$；一年四季中，真菌粒数中值直径在夏季达到最大，冬季最小（胡庆轩等，1994）。

空气中微生物粒子的粒度以小于 $8.2\mu m$ 的居多，而小于 $8.2\mu m$ 的真菌粒子可对人体直接造成危害（Ferron，1977）。相关研究表明，空气中与疾病有关的带菌粒子直径一般在 $4\sim20\mu m$ 之间（Richard，1977），不同粒径大小的微生物进入人体呼吸系统的位置不同，对人体造成的危害也不同。粒径位于 $10\sim30\mu m$ 之间的粒子可进入鼻腔和上呼吸道，$6\sim10\mu m$ 的粒子可以沉着在支气管内，而 $1\sim5\mu m$ 的粒子可进入肺深部。空气中各粒子的粒径大小及对人体的作用程度见表 6-2（Ferron，1977；Richard，1977）。

| 空气中各种粒子的大小和作用 | | 表 6-2 |
|---|---|---|
| 粒子种类 | 粒子径（μm） | 作用 |
| 病毒 | 0.015～0.45 | 传染病 |
| 细菌 | 0.3～15 | 传染病 |
| 真菌孢子 | 1～100 | 过敏性疾病等 |
| 苔藓孢子 | 6～30 | 植物病 |
| 蕨类孢子 | 20～60 | 植物病 |
| 花粉 | 10～100 | 过敏性疾病 |
| 煤尘 | 3～30 | 肺疾病 |
| 雾 | 2～80 | 大雾 |
| 烟雾 | 0.05 | 肺疾病 |
| 金属烟雾 | 0.01～100 | 肺疾病 |
| 飞尘 | 0.5＜1 | — |
| 植物和昆虫碎片 | 5～100 或更大 | 过敏病 |
| 分子团（气态） | 0.001～0.005 | 凝集核 |

资料来源：引自于玺华，2002。

## 6.2 空气微生物的变化特征与监测

### 6.2.1 影响空气微生物的环境因子

空气中微生物群落组成及浓度很不稳定。随着各种环境因素和污染因子的变化，空气微生物的浓度和种类均有较大变化。在各项影响因子中，很多研究均表明气象因子占据主要地位，远远大于空气污染因子。研究人员通过检测环境因素对空气微生物的影响，发现最重要的影响因子由强到弱依次为相对湿度、降雨、植被、云雾、温度及风速（Li & Kendrick，1994）。

#### 6.2.1.1 风因子

风能够加大空气污染物的悬浮力度，增加空气细菌粒子浓度，并减少细小细菌粒子比例。整体看来，空气细菌粒子直径增大，导致细菌浓度变大。风速越大，空气细菌粒子和真菌孢子浓度越高（方治国等，2004；胡庆轩等，1991）。

#### 6.2.1.2 空气温度和相对湿度

空气温度和相对湿度对空气微生物的存活力有影响。空气温度对空气微生物水平的影响取决于微生物的种类和取样环境，而相对湿度能够增加空气细菌和真菌的水平。如齐齐哈尔市的研究发现，空气微生物粒子浓度与温度成正相关（吕爱华等，1996）；随着温度的升高，沈阳市空气微生物数量也逐渐增多，增长强度与空气中现存微生物数量有关（胡庆轩等，1994）。

### 6.2.1.3 降雨、降雪

降雨、降雪等大范围空气扰动对空气微生物有冲刷作用和净化作用，能够明显减少空气中细菌和真菌大粒子的浓度。空气微生物粒径越大，减少作用越强；阴雨天气空气细菌粒子浓度也明显减少（胡庆轩等，1991；1994）。降雪天气细菌粒子浓度最多可以降低22倍，降低程度与空气层级高度明显相关。

### 6.2.1.4 紫外线

太阳光中的紫外线对空气微生物有明显的抑制作用，强烈的太阳光能够显著降低空气环境中的微生物浓度（Hopkins *et al.*，1993）。

除此之外，城市生态系统中空气微生物数量与其他污染物浓度和类型（$CO_2$、碳水化合物、NO、$NO_2$、$SO_2$）有很大的关系，如细菌浓度与悬浮颗粒物浓度和 $NO_2$ 浓度成正相关，与 NO 和 $SO_2$ 浓度成负相关（方治国等，2004）。

### 6.2.2 空气微生物的日变化和季节变化效应

除去气象因子的偶然性影响以外，空气微生物浓度在季节和每天时间变化上呈现出明显的规律性。虽然国内几大城市（北京、上海、沈阳、合肥、齐齐哈尔等）各地的微生物浓度变化规律不同，但是浓度最高峰一般出现在春季或者秋季，细菌和真菌的最低浓度均出现在冬季。一般来说，微生物浓度变化的最高峰出现在夏、秋季节，最低谷出现在冬季（吕爱华等，1996；胡庆轩，1991；孙荣高等，1994；张晟等，2002）。

空气微生物在单日尺度上的浓度变化也较大，并且与城市功能划分、土地覆盖状况、周边环境条件等有密切的关系。一般而言，空气微生物在8：00～10：00间出现高峰，下午14：00～16：00或者12：00～14：00之间出现低峰。北京空气细菌和真菌浓度的日变化趋势基本一致，高峰期出现在6：00和20：00，低峰期出现在14：00（车凤翔等，1989；侯红等，1998；宋凌浩等，1999）。

### 6.2.3 微生物污染与监测

空气中广泛分布的细菌、真菌孢子、放线菌、病毒等生物粒子与城市空气污染、城市环境质量和人体健康密切相关，如控制不当，易发生大气微生物污染（任启文，2007）。大气微生物污染是环境污染之一，是指大气中的微生物遇到适宜的生存条件大量繁殖，造成其在一定的空间范围内数量骤增，使位于该区域免疫低下的人和其他生物因接触、呼吸、吸食而感染，进而造成疾病大面积传播，对人们的生命财产及区域生物多样性产生极大的威胁（明惠青，2011）。

大气微生物对人体健康的影响常常是伴随着大气污染的形式进行的。近年来，国内大城市如北京、上海等地雾霾普遍严重，导致此方面研究明显增多。很多文献表明，随着空气污染物增加，大气环境变差，城市人群的呼吸道疾病、肺部疾病等发病率都有明显增高，并对城市人群寿命长短有重要影响（安爱萍，2005）。据测定，北京王府井地区空气中含菌数每立方米超过3万个，其中许多是致病菌（张秀珍等，1993；吴志萍和王成，2007）。研究表明，空气微生物沉降量会随着城市化发展的进程而发生变化，适时定点开展空气微生物的监测对于掌握本地区的环境空气质量和空气污染状况的变迁历程有重要意义（巨天珍等，2003；陈皓文，1998）。目前，我国对空气微生物的研究还未形成有效的体系，微生物监测方面的新方法和新技术还有待加强。此外，应开展与理化污染物同步的空气微生物监测，及时掌握本地区空气微生物的污染状况、污染源和变化规律，及时发现重点污染源，尽早采取治理措施，以防大规模污染事故的发生及蔓延（孙荣高，1996）。通过对空气微生物进行监测和研究，将有效预防危害公共卫生环境事件的发生。并且，将环境监测与公共卫生有机结合起来，也能更加有力地说明空气微生物污染对环境的影响程度、影响范围和影响结果，进而更好地为环境管理与决策提供技术依据（陈锷等，2014）。

## 6.3　绿化改善大气微生物的原理

植物的杀菌抑菌作用主要是通过释放挥发性气体（volatile organic compounds，VOCs）以及改变周边环境条件实现的。此外植物内部的氨基酸、生物碱也可能具有抗菌、杀菌活性。植物通过自身挥发性物质的改变实现对环境的改变通常被称作化感作用，而 VOCs 是一类重要的化感物质（彭少麟和邵华，2001）。

几乎所有植物均会产生和释放挥发性气体。据估计植物释放的挥发性气体种类大于 10000 种，大致可分为萜类化合物和其他种类。植物挥发性物质的组成非常复杂，每种物质包括将近 30000 种不同化合物（Llusia et al.，2002）。除了化合物的不同以外，不同植物部位产生的挥发性物质种类也有所不同，花中主要以芳香类、酯类和萜类为主；果实中主要含酯类和萜类；叶片所含种类较为复杂，其中醇类占了较大比例，其次是萜类和芳香类，还有少量酮类和烃类物质（杜家纬，2001）。植物挥发性气体中具有抗菌、杀菌活性物质，主要是香精油类即醛、酮、酚和萜烯等。这些植物挥发性气体都具有一定的抑菌作用，可以清除空气中的细菌病毒，有利于人体增强抵御潜伏细菌的能力，清除致病隐患。

植物挥发性气体产生的原因复杂。有些植物释放挥发性气体是在长期的演化过程中，与环境、动物、微生物的相互作用中形成的（郭要富等，2012）。关于植物通过挥发性气体抑菌的过程，主要有托金的植物自然免疫、植物创伤保护和植物杀菌素形成与植物生长发育的规律三大假说（谢慧玲等，1997；李华娟和戚继忠，2004；刘云国等，2004），此部分研究尚处于初级阶段，并未得到试验确认。

托金的植物自然免疫理论假说认为，挥发性物质的释放是为了保护植物本身不受外界微生物的危害。这是植物在长期演化过程中自我保护的结果。许多挥发性物质在病原菌侵染植物时起到保护作用，从周围的腺体中释放出来，从而抵御病原菌侵入。植物创伤保护假说认为当植物受到创伤后，如人工切割、昆虫咬食等，使得其光合速率上升，植物体内碳水化合物浓度降低，进而导致挥发性有机物质浓度升高和组成成分改变，从而增强对草食动物的免疫力。而植物杀菌素形成与植物生长发育的规律假说则认为植物杀菌素在植物生长旺盛时杀菌作用最强，随着植物生长代谢减弱或个体死亡，则分泌杀菌素的过程也即中止。据统计，全世界的森林每年要散发出大约 1.75 亿吨芳香物质，这些物质对减少空气中致病物质、保护人体健康起到了重要的作用。

## 6.4 不同绿化情况对空气微生物的影响

早在古代，植物就已经被用作杀菌药物得到了人们的重视，如植物汁液或浸提液可以作为手术的浸提剂，华佗使用香包等挂在室内减少病人恶心以及呕吐等，说明在古代人们就认识到植物对于微生物和细菌的杀灭作用（王忠君，2013）。从 1980 年代开始，已经有大量的植物研究开始关注微生物方面，并逐渐深入到杀灭空气中有害的微生物，净化空气的层面（高岩，2005；花晓梅，1980；谢慧玲等，1997；郑林森等，2004；夏忠弟等，1999）。绿化改善大气微生物的效益是显著的，以森林为例，其作为重要的生态系统组分，与城市相比，内部的微生物浓度有很大降低，甚至达到了城市数量级的 1%（黄健屏和吴楚才，2002）。然而到目前为止，对空气微生物的关注点多在大面积大尺度上的森林系统检测，缺乏城市人口密集地区绿地效益的研究，也缺少绿地空气微生物的长期观测数据。系统、全面地了解城市绿地不同植物种类、群落结构等的空气微生物变化规律对城市污染的控制以及环境质量的改善具有重要的意义。

### 6.4.1 不同植物种类对空气微生物的影响

不同的植物以及不同的植物组合所具有的杀菌功能是不一样的，在以往的很多研究中已经发现了这一点。研究不同树种对空气微生物的有效影响对于园林绿化中科学地、有针对性地选取绿化树种具有重要的现实意义。

植物对于其生存环境中的病原微生物具有不同的杀灭和抑制作用。不同植物对不同细菌的杀灭或抑制作用各异，同一植物对不同细菌的杀灭或抑制作用也不一样（罗充等，2005）。例如，紫叶小檗对革兰阴性菌大肠杆菌有较强的杀灭作用，对革兰氏阳性菌金黄色葡萄球菌的杀灭作用则较弱。1980 年，花晓梅最先开始了对于树种和菌类抑制作用的研究，发现不同树种对菌类的杀伤作用有一定的选择性，核桃、油松、白皮松、云杉、法国梧桐对葡萄球菌有抑制作用，其中核桃的杀菌作用最大，毛白杨、紫薇、白蜡、旱柳、花椒、侧柏、桧柏对葡萄球菌的杀菌作用表现很弱（花晓梅，1980）。随后，北京市在全国最先系统性地开始了对全市常用 60～80 种树木的抗菌效益的研究（陈自新等，1998），发现园林植物对于其周边空气中的微生物等病原体有杀灭和抑制作用，并列出了大批的数据和回归方程，对以后的工作有开创性的借鉴意义。高岩等人的研究发现，针叶树种释放萜烯类化合物含量高，具有较强的净化功能，应是城市绿化的主要选择树种，建议多使用常见针叶树如油松、白皮松、桧柏等（高岩等，2005）。

根据已有的研究结果，将植物的杀菌作用分为强、较强、中等和弱 4 级，则可归纳为杀菌能力强的植物有油松、核桃、桑树、构树等；杀菌能力较强的植物有栾树、杜仲、臭椿、七叶树、云杉、圆柏、女贞、碧桃、龙柏、芭蕉、侧柏、蜡梅、白蜡等；杀菌能力中等的植物有银杏、榆树、绒毛白蜡、白皮松、石楠、香樟、珊瑚树、落叶松、垂榆、华北怪柳、侧柏、黑松、彩叶草、羽衣甘蓝、矮牵牛、一串红等；杀菌能力弱的植物有玉兰、加杨、毛白杨、雪松、丁香、悬铃木、垂柳、泡桐、红瑞木、樱花、杜仲、水杉、马褂木、接骨木、火炬树、京桃、树锦鸡儿等（谢慧玲等，1997；褚泓阳等，1995；袁秀云等，1999；张庆费等，1999；戚继忠等，2000；庄大伟和孙学武，2008；刘洋等，2009；朱霁琪等，2008）。

目前国内关于树木挥发物质抑制和减少细菌的研究更多地偏向于单一树种，对于从树木类型的角度如乔灌木、常绿阔叶的研究并不多。但是在总体上看，常绿树种的抑菌效果比落叶树种的抑菌效果要好，这与树木生长的生理特性有关。大乔木比灌木的抑菌效果要好，与释放挥发性物质的浓度和量有关。关于不同树种之间的研究并没有细分到植物微观结构的层面，因此无法从树木的结构外观上对植物的抑菌能力强弱进行明显的区分。

## 6.4.2　不同群落结构对空气微生物的影响

不同的环境条件下，植物除菌作用的效果因植物配置模式不同而有所差异。研究表明园林植物配置的几种类型中，以乔木、灌木、草本构成的复层植物群落的除菌率最好。这是由于乔木、灌木、草本组成的复层结构可以产生分泌较多的挥发性物质，且物质种类构成多样。另外，由于复层群落具有较大的叶面积和阻挡面，能减缓气流并减少空气中细菌载体和尘埃的数量，故空气中含菌量较低。而其他植物配置类型由于其自身层次结构较为简单，分泌的挥发性物质较少，不能减慢小环境中的风速和提供足量的挥发性物质，因此抑菌效果相比复层群落更差一些。对已有研究得出的结果进行总结得出：不同群落结构空气含菌量的情况大致为：非绿地＞乔灌草型＞乔草＞灌草型＞草坪＞稀灌，且乔-灌-草结合型绿地模式的减菌效益明显高于其他模式（张新献和古润泽，1997；范亚民，2003）。此外，城市森林中 4 种不同植物配置类型对空气中的细菌均有明显的除菌率，但其除菌率不同，林内优于林缘，复层林优于单层林，种植小乔木的分车绿带明显优于纯灌木配植的分车绿带（罗英等，2005）；而对异龄针阔混交林群落除菌作用的测定结果表明，异龄针阔混交林群落能显著抑制空气中细菌含量（杨统一等，2006）。

北京林业大学董丽教授团队（2011）对北京奥林匹克森林公园的研究发现公园绿地内部不同植物群落结构和类型间的空气微生物浓度也有显著差异。不同群落结构区域的空气真菌浓度由高到低的顺序为复层群落、双层群落、单层群落；双层群落结构区域由高到低的顺序为灌草结构、乔草结构、乔灌结构；单层群落区域顺序为草本地被、灌丛和乔木。空气细菌浓度由高到低顺序为单层群落、双层群落、复层群落；双层群落结构区域由高到低的顺序为灌草结构、乔草结构、乔灌结构；单层群落结构区域由高到低顺序为草本地被结构、灌丛和乔木。不同群落类型区域的空气真菌浓度由高到低的顺序为落叶阔叶型群落、草本地被、灌丛、针阔叶混交型群落和针叶型群落；空气细菌浓度由高到低顺序为草本地被、灌丛、落叶阔叶型群落、针阔叶混交型群落、针叶型群落（见附录C）。

### 6.4.3 其他因素对空气微生物的影响

实际应用中，影响到园林植物群落对空气微生物抑制作用的因素还有植物群落大小、树种构成、物候期、群落位置等，另外也与一些人为因素如观测时间、季节、人流量、车流量有关。南京市环保所探索了绿化植物减少空气含菌量的效益，测定结果表明植物群落越大，空气含菌量越小（胡利锋，2005）。绿地系统的空间配置不同，杀菌、减菌的能力也不同。孙荣高等对兰州市空气微生物分析得出绿地对细菌有明显的滤除作用，而绿地对真菌却有一定的滋养作用（孙荣高等，1994）。另外还有一些学者对不同植物群落所处位置下垫面类型对空气微生物的影响进行了探究。方治国等（2004）的研究结果发现，空气细菌浓度交通干线和文教区明显高于公园绿地；而空气真菌浓度公园绿地和文教区明显高于交通干线。胡利锋的研究也支持这一点（南京市环保所，1976；胡利锋，2005）。

此外，还有研究表明，园林植物对空气含菌量的影响存在正、负两种作用（张新献和古润泽，1997；朱霁琪等，2008）：一方面，园林植物通过枝叶的滞尘作用和除菌作用可以减少空气细菌含量；但另一方面，温暖季节里，绿地相对阴湿的小气候环境为细菌的滋生提供了有利条件。而且植物的花粉也会增加空气中的尘埃量，从而使含菌量增大。

## 6.5 通过绿化改善空气微生物水平的途径

园林植物群落对空气微生物抑制作用与植物群落大小呈正相关。植物群落越大，空气含菌量越小。因此，只有改善社区整体绿化水平，才能更为有效地提升园林绿地的大气微生物效益，促进社区环境清洁度的优化。同时，优化社区绿化配置，也有利于其他单项绿化生态效益指标的提升。此外，从美学上讲，绿色植物所具有的景观效应，还能促进环境美景度提高，为社区营造出更多的美景感受空间。

　　由于气候因素的影响，落叶树种是北京园林绿化的主要树种，占有较大的比例。但不应忽视常绿树种的作用，比如尚存在一些个别社区基本见不到常绿树种栽植的情况，严重降低了冬春季节绿化的生态效益，同时也严重影响了社区环境的景观效果。常绿树种在冬春季节可以为环境带来许多生态效益并美化环境。另外，如本章前面介绍，异龄针阔混交林群落能显著抑制空气中细菌含量（杨统一等，2006）。因此，在进行社区绿化群落配置时，应当注重常绿与落叶树种的搭配，形成不仅四季有景可赏，同时发挥较高生态效益的多功能群落。正如学者们研究得出的结果所述，不同树种的抑菌作用有明显的差异。在进行植物群落配置时，如想提升群落整体的微生物效益，可选择杀菌能力强的树种作为构建群落的骨干树种。如杀菌能力强的树种有油松、核桃、桑树、构树等；杀菌能力较强的树种有栾树、杜仲、臭椿、七叶树、云杉、圆柏、女贞、碧桃、龙柏、芭蕉、侧柏、蜡梅、白蜡等。

　　此外，不同的环境条件下，植物除菌作用的效果因植物配置模式不同而有所差异。根据研究所得，乔木、灌木、草本构成的复层植物群落的除菌率最好。不同群落结构空气含菌量的情况大致为非绿地＞乔灌草型＞乔草＞灌草型＞草坪＞稀灌。因此，在实际园林应用中，为充分发挥园林植物除菌作用的效果，应合理安排绿化面积和乔灌草配置比例，适当增加复层结构的群落，并且加强绿地环境卫生的管理，保持绿地一定的通风条件，避免产生有利于细菌滋生的阴湿小环境，从而最大程度上发挥园林绿地的生态效益。

# 第7章 绿化的负离子效益

空气负离子（negative air ion，NAI）是空气的正常组成成分。由于空气负离子具有杀菌、降尘、提高免疫力、调节机能平衡等功效，近年来室内外环境空气负离子水平和空气清洁度问题开始受到人们的重视。在城市居住环境的评价中，空气负离子浓度已经被列为衡量空气质量好坏的一个重要参数，被形象地称为空气清新程度的"指南针"。一般城市绿地区域是城市环境中负离子浓度较高的区域，因此，由绿化植物产生的空气负离子效应，逐渐引起了人们的关注。

城市绿地以其特有的小气候成为产生空气负离子的良好环境。因此，绿地具有良好的空气负离子效应，对城市功能区空气负离子及空气质量的提升有着关键作用，其绿量、面积、丰富度、郁闭度、叶面指数、树龄、树高都对负离子浓度有着或多或少的影响。

## 7.1 空气负离子与人体健康

### 7.1.1 空气负离子的定义

根据大地测量学和地球物理学国际联盟大气联合委员会采用的理论，空气负离子的分子式是 $O_2\text{-}(H_2O)n$，或 $OH\text{-}(H_2O)n$，或 $CO_4\text{-}(H_2O)n$。通常所说的具有环保功能的空气负离子主要指前两种小分子负离子，它是空气分子在宇宙射线、太阳光线、电磁波、岩石和土壤的射线、海浪、瀑布和森林的树木、枝叶尖端放电及绿色植物光合作用形成的光电效应以及各种气象活动所产生的能量作用下，生成的游离的自由电子被氧气分子"捕获"而形成的，因此空气负离子也叫"负氧离子"。

空气中负离子浓度是指在单位体积中负离子的个数，是综合反映空气质量的重要指标，对人居环境有重要意义。世界卫生组织规定：清新空气的负离子标准浓度为每立方厘米空气中不应低于 1000～1500 个。中国清洁空气的标准为：空气中有害物质如 CO、HS、飘尘不超过国家允许标准，负离子与正离子比例为 1∶1.2。

据研究表明，海滨负离子浓度最高，主要原因是海浪引起的喷筒效应产生的大量负离子；山区、林区和丘陵等次之，主要由于树林茂盛，在光合作用下空气中氧含量丰富；湖泊、草原等地负离子浓度相对较低，主要是高大树木较少；城市中心或工业区负离子浓度最低，主要原因是空气污染。天气的变化可影响到负离子浓度的变化，一般而言，在有风的条件下以及雷雨过后，气压相对较高，大气能见度好，紫外线辐射较强，空气负离子浓度相对较高；多云到阴天，以及雷雨前，气压相对较低，大气能见度差，紫外线辐射较弱，空气负离子浓度也相对较低。

北京地区空气负离子空间分布特征主要受北京地理地貌以及空气污染分布情况的影响，呈北及东北部高，城区及西、西南、南部低的特征。北京市从市中心向郊区空气负离子浓度逐渐增大，单极系数逐渐减小；有林地区空气负离子浓度明显高于无林地区，针叶林地区全年平均空气负离子浓度高于阔叶林地区，但春、夏季节则阔叶林地区高于针叶林地区；有瀑布和溪流等动态水的地方空气负离子浓度明显增加。室内空气负离子浓度低于室外，但绿色植物可使室内空气负离子浓度增加；一天中白天空气负离子平均浓度高于夜间，一年中夏季最高、冬季最低（邵海荣等，2005）。

不同区域的负离子水平与人体健康关系程度　　　表 7-1

| | 森林、瀑布区 | 高山、海边 | 郊外、田野 | 都市公园内 | 街道绿化区 | 都市住宅封闭区 | 室内冷暖空调使用长时间后 |
|---|---|---|---|---|---|---|---|
| 含量 (ions⁻/cm³) | $10000\sim50000$ | $5000\sim10000$ | $500\sim1000$ | $100\sim200$ | $<100$ | $<40$ | $0\sim2$ |
| 关系程度 | 具有自然免疫力 | 有杀菌作用、可减少疾病 | 能增强免疫力及抗菌力 | 维持健康基本需要 | 诱发生理边缘状态 | 诱发生理障碍，诸如头痛及失眠等 | 引发"空调病"等症状 |

资料来源：引自邵海荣等，2005。

## 7.1.2　空气负离子与人体健康

空气中存在大量的病毒、细菌、有害物质、有害气体及含有多种成分的尘埃，它们都带有正电荷，随空气浮游在人们周围，是诱发各种疾病的根源，使得人们的健康受到威胁。但小粒径空气负离子能够与其相遇、聚合后坠落，使其失去活性。同时，现代环境卫生学认为，空气负离子对人体健康有利，能够起到镇静、催眠、镇痛、降低血压等作用；空气负离子还具有调节大脑皮质功能，振奋精神，消除疲劳，提高工作效率的作用。当负离子进入人体后，能引起一系列良性反应，如激活细胞生命力、调节中枢神经系统活动、防治改善呼吸系统疾病、促进内分泌及新陈代谢、提高免疫功能与抵抗疾病能力等。这是因为空气负离子具有多种抗菌作用和生物学效应，其机理主要在于负离子与细菌（通常带正电）结合后，使细菌产生结构的改变或能量的转移，导致细菌死亡，最终降沉于地面。

负离子在医学界具有"环境警察"、"空气维他命"、"大气长寿素"三大美名。医学研究表明负离子具有镇静、催眠、镇痛、镇咳、止痒、利尿、增食欲、降血压等功能。在空气负离子含量高的地方如森林、河边、瀑布，或雷声闪电雨后，令人感到身心愉悦，心旷神怡。空气负离子对人体的主要作用表现在以下几个方面。一是对神经系统的改善，负离子具有镇静的作用，可以使脑组织获得更多的氧、改善大脑皮层的功能，消除疲劳、振奋精神、提高工作效率。二是对呼吸系统的作用，通过改善肺功能从而加快呼吸道纤维毛运动、加强气管黏膜上皮纤毛运动，同时促进鼻黏膜上皮细胞的再生，恢复黏膜的分泌功能。负离子还对一些呼吸道传染疾病有良好的治疗作用，如儿童百日咳，25％的病人治疗 3～5 次即可痊愈，部分病人需要 10～15 次。三是负离子可促进新陈代谢，其对机体的碳水化合物、蛋白质等均有一定的影响。通过吸收负氧离子，不仅可降低血糖及胆固醇、血钾等含量，增加尿量等排出量，还可影响酶系统、激活体内多种酶，从而促进机体新陈代谢。另外通过加强脑、肝等组织的氧化过程，还可加速骨骼生长、促进机体生长发育。四是对心血管系统功能的改善。空气负离子可增加血液中的含氧量，促进血氧输送、吸收和利用，对高血压和心脑血管疾病患者的病情恢复有积极作用。五是对免疫系统的作用。负离子既能使氧自由基无毒化，也能将酸性的生物体组织及血液等变成弱碱性，从而提高机体的解毒能力、增强人体免疫力。六是治疗保健的作用，人体在吸收负氧离子后，不仅使气血充盈、流畅，促进新陈代谢作用，而且还能缓解慢性病、呼吸道疾病、失眠、偏头痛、高血压、外伤等一系列疾病，并对康复有一定的疗效。此外，负离子具有抗氧化功能，进而延缓衰老（包冉，2010）。

**不同的负离子浓度对健康的影响** 表 7-2

| 级别 | 数量（ions$^-$/cm$^3$） | 对健康的影响 |
| --- | --- | --- |
| 1 | ≤600 | 不利 |
| 2 | 600～900 | 正常 |
| 3 | 900～1200 | 较有利 |
| 4 | 1200～1500 | 有利 |
| 5 | 1500～1800 | 相当有利 |
| 6 | 1800～2100 | 很有利 |
| 7 | ≥2100 | 极有利 |

资料来源：引自宗美娟，2004。

## 7.2 空气负离子与环境清洁度

目前，空气负离子已经被当作评价环境与空气质量的一个重要标准。当人们漫步在海边、瀑布和森林的时候，会更感到呼吸舒畅，心旷神怡，其中一个最重要的原因就是这些地方的空气中含有丰富的负氧离子。空气负离子具有杀菌、减尘、净化空气，降解污染物的作用，空气负离子利用其带电功能，能使空气中微米级肉眼看不见的飘尘，通过正负离子吸引、碰撞，将空气中悬浮污染物吸附捕获，使它们更易吸附、聚集、沉降。负离子净化空气的特点是灭活速度快，灭活率高，对空气、物品表面的微生物、细菌、病毒均具有灭活作用，从而使得空气清洁。

空气清洁度与空气中负离子含量有密切关系。研究发现，空气负离子浓度越高，空气越清洁，感觉就越舒服；空气负离子含量少，且正、负离子浓度比例大，空气就越差（蒙晋佳和张燕，2005），因而，负离子又称为空气清新程度的指南针。在环境评价中，空气负离子浓度被列为衡量空气质量好坏的一个重要参数。截至目前，国际上用得最多的比较成熟的评价指标是单极系数和安倍空气离子评价指数。

### 7.2.1　单极系数（$q$）

在正常大气中，空气正、负离子浓度一般不相等，这种特征被称为大气的单极性（邵海荣等，2005）。单极性用单极系数来表示，即空气中正离子与负离子的比值，即 $q = n^+/n^-$。单极系数越小，表示空气中负离子浓度比正离子浓度高得越多，对人体越有利。日本学者研究表明，当 $n^-$ 大于 1000 个/$cm^3$，且 $q$ 值小于 1 时，空气清洁舒适，对人体健康最为有益（章银柯等，2009）。

### 7.2.2　安倍空气质量评价系数（$CI$）

日本学者安倍通过对城市居民生活区空气离子的研究，建立了安倍空气离子评价指数。安培空气质量评价指数反映了空气中离子浓度接近自然界空气离子化水平的程度，即

$$CI = (n^-/1000) \times (1/q)。$$

式中，$CI$——空气质量评价指数；

　　　$n^-$——空气负离子浓度（个/$cm^3$）；

　　　$q$——单极系数；

　　　1000——满足人体生物学效应最低需求的空气负离子浓度（个/$cm^3$）。

空气质量评价指数（$CI$）把空气负离子作为指标，同时又考虑了正、负离子的构成比，较为全面和客观。因此，在国外的城市空气离子评价中已经得到了广泛的应用（李高阳等，2012）。

## 7.3　绿化增加空气负离子浓度的机理

空气负离子的产生，主要是由紫外线、宇宙射线、放射性物质引发空气电离作用产生，除受水体和气象因素的影响外，植物叶片尖端放电以及植物叶片表面在紫外线作用下发生光电反应等，均促进空气发生电离，以此产生负离子（黄彦柳等，2004）。植物的"尖端放电"作用能够产生空气负离子，正是绿化增加空

气负离子浓度的原因之一。在植物的生长发育过程中，由于正离子有抑制植物生长的作用，而负离子却有促进局部生长的作用，植物为了达到生长目的，依靠自身发射负电荷，产生空气负离子来中和周围空气中的正离子，在植株个体之间形成一个小范围的中和区，来保护其生长部位的生长。许多植物的茎、皮、叶等器官或组织分化成针状结构，这种曲率较小的针状结构，会发生"尖端放电"作用而诱导产生负离子。因而，针叶树种分布越多，其周围大气的负离子浓度就越高（蒙晋佳和张燕，2005）。

而植物的光合作用同样可以产生空气负离子。植物在光合作用的光反应中，水的分解产生氧气和电子，氧气经过气孔释放到空气的过程中，氧气与产生的电子结合生成负氧离子。不同树种的光合特性差异很大，是导致不同林分内空气负离子浓度出现明显差异的主要原因。同时一些树木散发出的萜烯类物质和花卉开放产生的芳香类物质，也能促进空气电离而产生丰富的负离子。此外，由于物质结构的特殊性导致其带有静电，产生静电场，当其与空气中水分子接触时，电离其中的水分子而形成负离子（蒙晋佳和张燕，2005）。

此外，植物根系和土壤微生物利用氧时，氧离子或氧离子团为主的负离子被释放至土壤空气中，并通过与大气的气体交换而增加空气中负离子浓度（段舜山等，1999）。可见，植物通过其自身的生理活动产生负离子是多途径的。

## 7.4　不同绿化情况对空气负离子浓度的影响

### 7.4.1　不同植物种类对空气负离子浓度的影响

不同的植被类型对空气负离子浓度和空气质量有较大影响。在研究界，比较公认的观点是面积大郁闭度高的落叶阔叶林区域的负离子浓度一般较高。但从植物促进负离子产生的原理角度，常绿针叶树木的针状叶等曲率半径小，尖端放电的功能较强，使空气发生电离概率增加，同时常绿针叶树释放出的芳香挥发性物质也会使空气发生电离，所以其绿地群落周围负离子浓度较高。

同一植物不同生长季节对空气负离子浓度的影响不同。在夏秋季节高温多雨，绿色植被生长茂盛，改善和提高空气质量的作用最强，尤其是乡土植物具有更高的光合效率。公园绿地区域的乡土植物种类多，高植被覆盖度及丰富的群落层次结构对促进负离子产生和空气质量改善作用巨大。而公园绿地冬春季节的植被休眠和周围高密度的住宅区和繁忙的交通致使这一区域的空气质量下降（章银柯等，2009）。公园绿地植被对于提高绿地所在局部区域以负离子密度为主要参数的空气质量具有显著作用。

### 7.4.2　不同群落结构对空气负离子浓度的影响

绿地内的植物群落，实际上是由不同单株植物经过一定的搭配聚集在一起的，是构成绿地的基本单位。不同层次结构特征的植物群落，其内部空气负离子含量水平差别较大。群落结构适度复杂的绿地，从根本上来讲是在单位面积内增加了空间绿量，从而有利于空气负离子的产生和保持，以此可以提高空气质量，改善空气清洁度。群落结构对负离子的影响一般表现为复层与双层结构的空气负离子水平要明显高于单层结构。一般情况下，适度致密的乔-灌-草复层结构绿地负离子浓度最高，乔-草结构次之，随后为灌-草结构，草坪单层结构浓度最低（王洪俊和孟庆繁，2005）。穆丹等在研究中发现，乔-灌-草复层结构负离子浓度最高，净化空气的能力最强，空气负离子浓度随着植被郁闭度的增加而增大（表 7-3）。乔-灌-草复层结构的生态位分布合理，对光照、温度及营养元素的利用充分，能最大限度地发挥生态效益。社区其他简单群落结构的绿地，人为活动相对较多，使空气负离子浓度降低、寿命缩短（穆丹和梁英辉，2009）。而且，乔-灌-草复层结构的土壤热容较大，有较好的通气性和较高的渗透性，因而更多地以氧离子或负氧离子为主的空气负离子，在根系和土壤微生物利用氧时被释放并交换到空气中（张璐等，2004；徐昭晖，2004）。同时值得注意的是，群落外围受周边环境影响较大，内部植物提高负离子的作用更为明显，负离子浓度更高。北京林业大学董丽教授团队（2011）对北京奥林匹克森林公园绿地的空气负离子浓度监测研究也发现公园绿地内部不同植物群落结构和类型间、公园绿地区域与对比样点代表的城市区域间的空气负离子浓度差异显著。不同群落结构区域的空气负离子浓度由低到高的顺序为：双层群落、复层群落、单层群落。双层群落结构区域空气负离子浓度由高到低的顺序为：乔-草结构、灌-草结构、乔-灌结构单层群落区域顺序为：草本地被、乔木。不同群落类型区域的空气负离子浓度由低到高的顺序为：落叶阔叶型群落、草本地被、灌丛、针阔叶混交型群落、针叶型群落（见附录 C）。

不同结构绿地中空气清洁度等级所占天数比例　　　　　　　表 7-3

| 功能区类别 | 空气清洁度等级所占比例（%） | | | | |
| --- | --- | --- | --- | --- | --- |
| | A 级 | B 级 | C 级 | D 级 | E 级 |
| 乔-灌-草结构 | 22.22 | 55.56 | 22.22 | 0 | 0 |
| 乔-草结构 | 11.11 | 38.89 | 33.33 | 16.67 | 0 |
| 灌-草结构 | 0 | 22.22 | 38.89 | 27.78 | 11.11 |
| 草坪 | 0 | 5.56 | 22.22 | 50 | 22.22 |

资料来源：引自穆丹和梁英辉，2009。

### 7.4.3 不同绿地特征对空气负离子浓度的影响

对城市绿地生态效益影响较大的绿地因素可分为二维特征和三维特征。二维特征包括绿地面积、绿地分布格局、绿地形状、绿地位置；三维特征包括绿地空间布局形式、绿地类型、绿地结构、绿地三维量；绿地生态系统的稳定性；绿地管理水平（吴云霄和王海洋，2006）。

城市街道绿地空气质量较差，主要是由于受到交通道路上汽车排放的尾气的影响而使得大气气溶胶粒子的密度增大，明显降低了空气中的负离子浓度、增加了空气中的含菌量。宽度较窄的绿地受环境中尾气和扬尘的影响较大，使得绿地产生的生态效应不明显，因此净化空气的能力较弱。

绿地区域内空气负氧离子的产生与分布已被证明与植被优势种、郁闭度、叶面积指数、绿量、绿地面积、群落结构、植被类型等诸多绿化指标相关。

### 7.4.3.1 绿地面积（规模）对空气负离子浓度的影响

绿地本身的占地面积、绿化覆盖面积、绿化覆盖率等实际上是可以较为客观地反映绿化规模的相关指标，而任何单项生态效益的发挥水平，在本质上是受到绿化所能达到的规模的基础性影响的。不同程度绿化规模与水平，具体来讲反映在不同的绿化面积、绿化覆盖面积或绿化覆盖率，其空气负离子效益所能达到的水平是不同的。最显而易见的表现即为，规模栽植的片状绿地相对于零星分散的点状绿地与栽植具有更高，甚至更为稳定的空气负离子效益。有研究曾指出城市带状绿地可以明显发挥负离子浓度效益的绿地宽度关键值为34m左右，植被覆盖率达到80％左右（石彦军等，2010；穆丹和梁英辉，2010；周斌等，2011）。

### 7.4.3.2 群落优势种对空气负离子浓度的影响

实际上每一块绿地，每一个组成绿地的单位元素——群落，都具有自身的优势树种。在一定意义上，优势种对绿地所能发挥的空气负离子效益水平是存在影响的，这表现在不同绿化树种周围的空气负离子水平存在差异，这种差异在植物类型层面也是有所体现的。例如，针叶林地区的全年平均空气负离子浓度较阔叶林地区要明显更高，但在春、夏季节，却相反出现阔叶林地区高于针叶林地区的现象。同时，具体到每一种绿化植物，其所能产生的促进空气负离子产生与维持的作用也是程度不同的。在相关领域的研究中，已有诸多试验验证了这一观点。

### 7.4.3.3 绿地郁闭度对空气负离子浓度的影响

郁闭度是指绿地在单位面积上绿化植物的冠层覆盖面积与绿地总面积的比值，是反映绿地林分密度的指标。不同郁闭度的绿地在空气负离子浓度水平上表现出较大的不同。通过合理设置绿地郁闭度，可以有效增加空气负离子浓度，提高空气质量。

在相关研究中发现，郁闭度值较大的绿地与郁闭度值较小的绿地相比，空气负离子浓度高出约1.5倍，郁闭度较大的绿地内部环境较为稳定，受周边环境影响小，绿地内部负离子浓度值较高，这种较高水平的负离子效益还可以有效地带动和影响其周边环境。相反郁闭度较小的绿地则受到周边环境的影响较大，净化空气的能力弱（朱春阳等，2013）。这主要是因为绿地郁闭度低，受车辆尾气排放和地面扬尘的影响就较大，粉尘使空气中的负离子更易相互碰撞，发生电荷中和，导致空气中负离子浓度不稳定；绿地郁闭度高，受周边环境影响小，空气负离子保持时间较长，绿地负离子浓度相对较稳定。另外，郁闭度较小的绿地绿量也少，空气流动性较大，导致绿地释放出的负离子向周围扩散快。有研究曾提出，当郁闭度超过 0.44 时，绿地的空气负离子效应显著（$p < 0.05$），同时发现郁闭度不同的绿地在不同时段，负离子浓度也不同（穆丹和梁英辉，2009），这与空气负离子的日变化水平有关。

因此，以上研究数据可以充分说明，由高大乔木参与构成的双层、复层群落结构在促进空气负离子效益水平方面表现突出；林木生长旺盛且郁闭度高的群落绿地，能有效增加林内空气湿度、降低温度和风速、增强滞尘功能，有利于绿化植物释放空气负离子，提高空气中的负离子浓度，改善空气质量。

#### 7.4.3.4  绿地绿量对空气负离子浓度的影响

绿地绿量是为衡量绿地立体结构的生态效益而产生的新的绿化数量性指标，主要由叶面积指数和绿化二维量等指标来表示（阳柏苏等，2003）。研究发现，绿量少的公园和公共绿地对空气的净化能力有限，这些绿地受环境中车辆尾气和灰尘的影响较大，所以净化空气的能力比较弱。如范亚民等（2005）对南宁市青秀山的研究，发现市内的负离子含量是远远低于青秀山的，其中一方面就是由于青秀山的绿量较高，由于青秀山已开发区的植物群落结构复杂，单位面积上的绿量比种植粮食和果树高，所以空气负离子含量已建成区高于未建成区。

#### 7.4.3.5  绿地周边水环境对空气中负离子浓度的影响

在一定范围内，水环境对空气负离子的增加有明显的作用。大量研究证实，绿地和水体的空气负离子效益较其他下垫面类型具有十分明显的优势。其中，当绿地周边有水环境时，其综合效应会大大增加空气负离子浓度水平，喷泉、溪流或瀑布等动水比静水的影响力大。厉曙光等（2002）曾对上海市区的喷泉开启与负离子浓度研究发现，喷泉开启时周围环境中的空气负离子瞬间最高值可达到 7 万个以上，是喷泉未开时的 90～200 倍。但喷泉产生的空气负离子具有一定的局限性，与天然形成的空气负离子相比，喷泉产生的空气负离子在空气中滞留时间很短，只有在喷泉开启时空气负离子浓度高，其含量多少不仅与喷泉的大小以及距离喷泉的远近成正比，而且受风向的影响大，下风向明显增多，上风向或侧风向低得多。

## 7.5  通过绿化提高空气负离子水平的途径

首先，改善社区绿化的整体水平，是提高环境负离子水平，改善空气清洁度的基础工作。正如诸多研究中已被证明的一样，以高大乔木为主的高郁闭度绿化空间，其空气负离子浓度水平较高，改善小环境效果明显。在有限的社区环境空间内通过增加绿化面积，在楼间宅旁、社区干道及活动区域开辟更多的绿化空间，提高绿化率，调整绿化结构，对应不同功能空间设置不同层次结构的绿化群落，提升社区绿量等，是优化社区绿化水平工作的最核心内容。扩大绿地面积是环境结构改善的基础，也是产生生态效益的主体。近年来新开发流行的绿化形式，如利用屋顶绿化、垂直绿化等是解决社区空间固定、限制绿化范围发展和增加绿量的有效途径。值得一提的是，在建筑空间的节能减排方面，立体绿化可以很明显地降低室内空调的使用，而空调是全世界公认的负离子杀手。在以往的社区绿化规划设计中，落叶乔灌木往往占较大比例，甚至存在一些个别社区基本见不到常绿树种的栽植。如本章前面介绍，针叶树种在促进空气负离子效益方面具有突出作用。因此，在进行社区绿化群落配置时，应当将常绿与落叶树种的搭配种植纳入考虑，选择一些常用、适生的常绿针叶树种加以推广应用。基于不同植物群落结构绿地的空气负离子水平明显不同，在社区绿化的规划设计阶段和后期养护完善阶段，有针对性地、合理地配置群落结构，可以实现对环境空气负离子水平的明显提高，进而有效地改善空气质量。在社区住宅小区内不同的功能空间，根据复层结构空气负离子效应最佳的原理，建议提倡以乔木为主，乔、灌、草搭配，在丰富绿化层次的同时增加绿量，提高空气负离子浓度水平，改善空气质量。但值得注意的是，就环境空气质量整体来讲，一味地多种、猛种也是不科学、不合理的，过于致密的复层结构群落容易滋生细菌、真菌等，同时不利于悬浮颗粒物扩散，这反而会影响空气负离子浓度水平。因此，适度通透的乔-灌-草复层结构与郁闭度较高的乔-草结构，均为空气负离子效益表现优良的推荐配置结构，建议各社区在进行绿化完善与建设时，科学合理地加以选择应用。

其次，可以选用负离子效益良好的树种。近年来，一些学者对单一树种纯林和组成相对简单的植物群落与空气负离子浓度关系进行了研究，发现在不同树种林分，其林下与周围的空气负离子浓度水平会有所不同。北京地区的部分研究发现，油松、侧柏林内空气负离子浓度水平较高。同时，旱柳林内的空气负离子浓度高于杨树林，早熟禾草坪最低。在社区绿化中，建议多采用油松、侧柏、白皮松、圆柏等常绿针叶，并与其他负离子效益表现良好的落叶阔叶乔灌木相搭配。一些学者在其他地区开展的相类似研究，也有诸多值得思考与借鉴的思路。例如李高阳等（2012）研究显示，空气负离子浓度日均值表现为杨树林＞白蜡林＞柏林＞核桃林，其差异显著；吴际友等（2003）对8种园林树种周围空气中的负离子水平进行研究，发现其负离子浓度差异显著，大小顺序为沉水樟＞罗汉松＞乐东拟单性木兰＞木莲＞南方木莲＞金叶含笑＞乐昌含笑＞中国鹅掌楸；石彦军（2010）则在研究中发现无患子-广玉兰混交群落日均负离子浓度最高，雷竹群落次之，草坪和紫薇群落空气负离子浓度最低；穆丹（2009）在东北地区的相关研究中总结出空气负离子浓度和空气质量由大到小的排序为：红皮云杉＞樟子松＞

白桦＞杏；周斌（2011）发现樱花-小叶黄杨混交林、红枫纯林内空气负离子浓度相对较高，而黄山栾树与无患子纯林内空气负离子浓度较低。

此外，配合绿化适当增加水景观也是有效措施之一，已有诸多国内外的相关研究证明，水体同样具有相当良好的环境空气负离子效益。其中，更以喷泉、瀑布等动态水体的负离子促进作用更为明显。这是因为动态水能够释放出大量的自由电子，这些自由电子被周围大气中的氧分子捕获，形成负氧离子。同时水在冲刷和喷溅等作用下带走了空气中的灰尘和气溶胶粒子，使周围的空气清洁度增高，在清洁空气中负氧离子的寿命相应延长，不断积累，有效提高了水体周围空气负离子浓度（郭益力等，2013）。因此，在进行社区绿化植物配置时，可以考虑适当地增加水环境配置，特别是增加一定的活水数量，如人工水系、喷泉、叠水、水幕等水景设置，进一步制造负离子源。这不仅可以满足人们的亲水需求，增加社区内景观空间的多样性和美观性，而且能够更为有效地改善社区内环境空间的局部空气质量（范亚民等，2005），促进社区环境空气负离子效益改善，提高社区环境的生态宜居性。

# 第8章 绿化的其他生态效益

城市生态系统中，绿地在维护城市生态平衡和改善城市生态环境方面，起着其他基础设施不可替代的重要作用。除去降温增湿改善环境小气候、滞尘抑菌改善空气质量、提升空气负离子、降低环境噪声等与日常人居环境密切相关的生态效益，绿化还具有诸多其他调节和支持功能，如：吸收有毒气体、吸收放射性物质、固碳释氧、改良土壤、滞纳雨洪、净化水质和保护生物多样性等，对维持城市生态系统稳定，改善城市生态环境具有极大的促进作用。

## 8.1 吸收有毒有害气体

洁净空气是人类生存的根本。然而，随着工业化和城市化的快速发展，人类向大气排放的污染物含量已经远超出大气的自净能力，故多种空气污染的问题频频出现，具有蔓延之势。由于空气污染在全球范围内对人类、动植物等的健康都构成了严重威胁，所以人们越来越关注与空气污染相关的诸多问题。我国的大气污染属于煤炭型污染，主要的污染物是烟尘、$SO_2$、$NO_x$ 和 CO，近三十年的工业化发展使得我国大气污染氧化型增强，二次污染现象增多，由于长距离传输造成环境恶化向区域蔓延开来，空气污染向区域复合性污染发展（吴丹和张世秋，2011）。

大气中化学性污染物的种类很多，直接大气污染物还会通过一系列的复杂反应而产生如酸雨、光化学烟雾这样的二次污染，对人类和动植物的危害都很大。空气有毒污染对人类身体健康的危害类型主要有急性中毒、慢性中毒和致癌作用三种（覃雪等，2011）。在大量排放有害气体的工厂周边，无风多雾的天气不利于化学污染物的消散，这种情况就很容易引发急性中毒；而若是长期处于存在较低浓度的化学污染物的空气中，慢性支气管炎、肺气肿和支气管哮喘等疾病都更容易发生，造成慢性中毒；更严重的是化学污染物中多环芳烃类和含铅（Pb）的化合物等都具有致癌作用，它们或者直接危害人体，或者被土壤和农作物吸收后危害人类健康。

针对空气污染的治理，除了对于污染源排放的控制、减少环境损害，合理进行城市布局，同时除利用科技手段对污染物进行净化外，做好城市绿化也十分重要。因为植物净化对环境破坏性小，耗能低，并且修复成本低，另外该方法对低浓度污染物更加有效，其降解各种有毒物质的速度和潜力更大（刘振铃等，2007）。对一定浓度的大气污染物而言，园林植物既具有一定的抵抗力，又具备相当的吸收能力。简单地讲，植物会将大气污染物通过其叶片上的气孔和枝条上的皮孔吸入体内，进而在体内通过氧化还原过程进行降解从而得到无毒物质，这些物质可以通过根系排出体外，也可以贮藏于某一器官内，并进行积累。通过这种吸收、降解、积累和排出的过程，植物对空气中的有毒污染物产生了净化效果。对于不同类型的空气污染物，植物的净化机理、抗耐受能力、净化能力都不同，净化机理与植物的抗耐受能力息息相关，并决定不同植物的净化能力。许多植物种类常常具有同时吸收多种有害气体的能力，比如臭椿对 $SO_2$ 和 Pb 均有吸收作用；刺槐可以吸收 $SO_2$、$Cl_2$、HF 和 Pb；桧柏可以吸收 $SO_2$ 和 HF；大叶黄杨对 $SO_2$、HF、Hg 都有着吸收作用，这些树种的选用和配置可以更好地净化污染地区的空气。

　　单种植物对于空气有毒污染的净化效果不同，多种植物构成群落时，其不同的结构也会影响净化效果，同时绿地的面积以及绿地系统的规划也都会影响有害气体的吸收。研究表明，天气晴朗时，相比乔-灌结构的道路绿地，无林地的有毒气体浓度更高，乔-灌-草结构的密林地有毒气体浓度最低（张静等，2013）；对于 $SO_2$ 的消减率，乔-灌-草结构＞乔-草结构＞灌-草结构＞草坪结构；而对于 $NO_2$ 的消减率，乔-灌-草结构＞灌-草结构＞乔-草结构＞草坪结构。针对不同植物群落结构对有害气体净化效果的研究发现，不同结构类型的植物群落中，影响 $SO_2$、$NO_2$ 这些气体污染物消减率的因子不同。

　　除了具体考虑植物和群落配置外，绿地系统的规划对于空气有毒污染物的净化效益也起到很重要的作用。不同类型绿地所处的位置不同，其周边主要大气污染物的类型和浓度也就会有所不同。因此，针对不同类型的污染物，需要的植物种类也会随之变化。这就为空气污染的治理开辟了道路，即在合理规划绿地系统、保证绿地面积的同时选好树种进行合理的配置（平措，2006）。

## 8.2　固碳释氧

　　温室气体（greenhouse gas，GHG）是指地球大气中能够吸收地面反射的太阳辐射，从而使地球表面变暖的气体。太阳辐射产生的可见光可以直接穿透大气层到达并加热地面。加热后的地面会发射红外线从而释放能量，温室气体能够吸收这些红外线，阻止其穿透大气层，使热量保留在地面附近的大气中，由此形成温室效应。当今，由于人类活动向空气中排放了大量的温室气体，全球气候正在经历着一系列严重的变化，深刻影响着人类的生存和发展，已经引起了世界各国的高度关注。影响气候变化的温室气体中 $CO_2$ 占据了很大的比重。$CO_2$ 是引起温室气体的主要气体，它的增加已给全球气候变化造成恶劣影响，加剧温室效应、产生"热岛效应"、形成城市上空的逆温层，并且加剧城市空气的污染。据估计，我国 2013 年 $CO_2$ 排放量已达 952430 万吨，遥遥领先于其他国家。采取各种措施，降低空气中 $CO_2$ 的含量刻不容缓。

固碳（carbon sequestration），也叫作碳封存，指以捕获碳并安全封存的方式来取代直接向大气中排放 $CO_2$ 的过程。释氧（qxygen release），指某物质经过复杂的化学变化释放出 $O_2$ 的过程。对于绿色植物，固碳释氧指在可见光的照射下，利用光合色素，将 $CO_2$ 和 $H_2O$ 转化为能够储存的有机物，并释放出 $O_2$ 维持空气中的碳氧平衡的生化过程（图 8-1）。

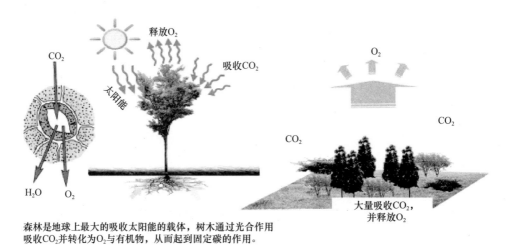

森林是地球上最大的吸收太阳能的载体，树木通过光合作用吸收 $CO_2$ 并转化为 $O_2$ 与有机物，从而起到固定碳的作用。

图 8-1　植物固碳释氧

在诸多应对温室效应的措施中，以降低人类活动造成碳排放的"低碳"发展模式得到了世界各国普遍的认可，这是从源头控制 $CO_2$ 排放量的手段之一。植物最重要的生态功能之一就是通过光合作用固碳放氧，吸收空气中的 $CO_2$ 而在一定程度上减弱了温室效应，在总量上调节和改善了城市低空范围内的碳氧平衡，改善了空气质量，在缓解局部缺氧、减少 $CO_2$ 浓度、改善空气质量中具有不可替代的作用（管东生等，1998）。

光合作用（photosynthesis）是指绿色植物将太阳能转换为化学能，同时利用它把 $CO_2$ 和 $H_2O$ 等无机物合成有机物，并释放出 $O_2$ 的过程，是一系列复杂的生理代谢反应的总和，是地球碳氧循环的重要媒介（图 8-2）。据估计，每天从太阳到地球的能量约为 $1.5 \times 10^{22}$ kJ，其中约 1‰ 被光合生物吸收、转化为生物能，每年地球上约有 $10^{11}$ 吨 $CO_2$ 被固定（潘瑞炽，2004）。

光合速率、光补偿点、光饱和点、暗呼吸速率等参数值是研究植物光合生理特性和评价植物固碳能力及生物生产力的重要指标，反映了植物的光合特性。不同植物之间以及同一种植物在一天和一个季节中的光合特性之间均有差异。

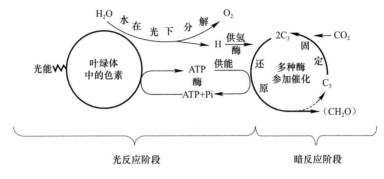

图 8-2　光合作用图解

在自然界中，不同类型的植物光合能力差异很大。一般而言，阳生植物的光合速率要显著大于阴生植物的光合速率（Boardman，1997）；草本植物的光合速率大于木本植物（Lambers H，*et al.*，1998）。对于木本植物，阔叶植物的光合速率要大于针叶植物，落叶阔叶植物的光合速率大于常绿阔叶植物（Mooney，1987）。具体而言，落叶阔叶树的光合速率介于 $2\sim25\mu mol/(m^2 \cdot s)$ 之间，针叶树介于 $2\sim10\mu mol/(m^2 \cdot s)$ 之间（李海梅等，2007）。植物的光合特性直接影响着固碳释氧量，不仅不同绿化树种各季节固碳释氧能力有差异，同一树种在不同生长季节也有显著差异。利用特定的仪器和科学的方法测定园林植物的光合特性指标，从而分析出固碳释氧量高的植物种类，以期为设计固碳释氧效益高的植物群落及绿地提供指导则显得尤为重要。

对各类园林植物固碳释氧能力的研究表明，常绿灌木、落叶乔木、常绿乔木、落叶灌木单位土地面积上植物的固碳释氧能力依次加大（徐玮玮，2007）；灌木群落的固碳释氧能力要稍优于乔-灌-草群落（徐永荣等，2003）；灌木、地被植物的固碳释氧量要高于草本和藤本植物（赵萱和李海梅，2009）；速生树种的固碳能力要显著高于慢生树种（刘常富等，2008）；对同一种植物而言，其在不同生长季节的固碳释氧能力也不同（王忠君，2010）。对具体园林植物材料的固碳释氧量的研究也很重要，其为园林植物的配置及更好地发挥固碳释氧这一生态效益提供了有益的指导（表 8-1）。城市绿色碳汇就是指在人类活动的影响下，绿色植物通过光合作用吸收、固定大气中的 $CO_2$，并将大气中的温室气体储存于生物碳库。

固碳释氧能力较强的植物 表 8-1

| 作者 | 年份 | 地区 | 植物种类 |
|------|------|------|----------|
| 陈自新，苏雪痕，刘少宗 | 1998 | 北京 | 乔木：柿树、刺槐、合欢、泡桐、栾树、紫叶李、山桃、西府海棠；灌木：紫薇、丰花月季、碧桃、紫荆；藤本：凌霄、山荞麦；草本：白三叶 |
| 陈少鹏，庄倩倩等 | 2012 | 长春 | 文冠果、紫丁香、垂枝榆、重瓣榆叶梅、梓树、桃叶卫矛、海棠果、山槐 |
| 王丽勉，胡永红等 | 2007 | 上海 | 乔木：乌冈栎、垂柳、糙叶树、乌桕、麻栎、喜树、盘槐、黄连木、紫薇、泡桐、海滨木槿、木槿、胡桃楸、柿、杜仲；灌木：醉鱼草、木芙蓉、云锦杜鹃、八仙花、贴梗海棠、伞房决明、结香、云南黄馨、胡颓子、蜡梅、卫矛、扁担杆、紫荆、红千层；其他：荷花、鸢尾、慈孝竹 |
| 董延梅 | 2013 | 杭州 | 广玉兰、红花檵木、海桐、石楠、枸骨、八角金盘、紫薇、阔叶十大功劳、柿树、香樟、枫杨、榔榆、小叶黄杨、桂花、悬铃木、含笑、洒金东瀛珊瑚、黄山栾树、贴梗海棠、枫香、朴树、金丝桃、乌桕、合欢、珊瑚树、碧桃、无患子、珊瑚朴、二乔玉兰、茶梅、夹竹桃、日本晚樱、紫藤、麻栎、垂丝海棠、云南黄馨、蜡梅、浙江楠、杜鹃、银杏、红枫、垂柳、乐昌含笑、绣线菊 |
| 韩俊永 | 2005 | 深圳 | 木棉、长芒杜英、香樟、金叶榕、叶子花、扶桑、软枝黄蝉、花叶艳山姜、希茉莉、酒瓶椰子、蝴蝶兰和白花油麻藤；较强的有 8 种：桃果、秋枫、海南红豆、阴香、夹竹桃、散尾葵、三裂蟛蜞菊、异叶爬山虎 |

城市绿地除了光合作用固碳外，还可以通过遮荫蒸腾作用和挡风等物理和生理途径起到夏季降温、冬季保温等作用，从而间接减少能源消耗和碳排放（建筑物制冷和采暖的能源碳消耗）（周健等，2013）。城市绿地，也包括自然的森林、湿地等系统，更是中国城市绿色碳汇的主体。保护绿色植被，避免因破坏而使土壤和湿地中的碳释放，也是重要的生态环保内容。

## 8.3 改良土壤

近年来，伴随城市化进程中诸多环境问题的爆发和显现，各种工业进程与人为活动造成的城市土壤污染问题也开始日益增多。城市土壤污染的来源主要有水污染、大气污染、固体废弃物、生活垃圾、降尘等。由于城市土壤生态系统破碎程度高、物质循环交流途径少，极大地削弱了土壤生态系统的自我恢复能力。有些特定的污染物如重金属物质，在释放到环境中后将对环境造成持续而长期的影响（卢瑛等，2004）。另外，通过生物的富集作用，产生病原菌，污染地下水等多种途径，导致城市土壤的污染加剧，并对人类的日常生活造成严重损害，甚至可以通过这些途径直接影响人类的身体健康。

从土壤的整体角度来看，植物-土壤系统是个极其复杂的生态系统，受到复杂多变的多种因素的影响。所谓植物影响土壤生物过程，很大程度上都是通过影响微生物、动物以及其他因素间接对土壤造成。土壤与植物群落在功能和结构上是紧密相连的。植物在为土壤中的分解者提供碳元素和多种其他营养元素的同时，其根部环境也为大量的微生物、共生细菌、食草动物等提供了生长环境。从另一方面来说，土壤中的生物群落也对植物群落产生直接影响。其途径有回收腐烂植物凋落物、分解养分为无机物，甚至有些土壤群落可以通过对植物根系造成影响，从而直接促进或阻碍植物生产并改变植物群落结构（Bardgett，2005）。可见土壤与植物的相互影响一般是双向可逆、相互影响的。

具有而言，植物群落影响土壤结构和生物过程的生态途径有：（1）作为生产者为土壤生态系统提供养料和养分，为土壤动物以及微生物提供生长空间。（2）根系固定、疏松土壤，增加土壤孔隙度，减少裸土的养分流失（Li 和 Shao，2006；冀晓东等，2009）。（3）根系分泌物影响特定微生物类群，并直接改变土壤性质（罗永清等，2012；张锡洲等，2007）。（4）凋落物增加土壤有机质含量，进而影响土壤生物进程（高志红等，2004；陈国平等，2014）。其中，根系分泌物、凋落物是最重要的两个过程，这些途径受到植物的多种自身因素的影响而有所改变，如群落多样性、植物种类、生长年限等（Bardgett，2005）。关于植物群落和土壤生态系统之间的相互关系，已经吸引了越来越多相关生态学家的关注（贺金生等，2004）。

## 8.3.1 园林植物对土壤性状的改良作用

植物体在土壤中以地上和地下两部分特殊结构出现，是连接大气、土壤两个界面的重要通道之一。植物通过叶面组织等地上部分拦截雨水冲击，阻碍风侵蚀，根系直接固化土壤，在一定程度上固定土壤，增加了土壤抗冲蚀的能力（查轩等，1992）。在地下，植物的固土固沙能力首先体现在通过根系的纵向和横向生长，根系本身或者通过其分泌物与土壤形成团聚体（吴林坤等，2014），加强土壤黏度并减少砂粒比率。这个过程中，根系和其分泌物起到了疏松土壤、增加土壤团聚性的功能。另外，根系本身通过把传递到土中的剪应力转变为根系的受拉作用。研究发现，不论根系以水平、垂直、复合等任何一种方式存在都可以提高土体的强度 2%～55%，从而也在一定程度上增强了土壤的水土保持能力和稳定性（冀晓东等，2009）。同时，植被可以通过根系分泌物、植物残体和枯枝落叶为土壤系统输入更多的有机物质，改善土壤质量（胡婵娟等，2012）。凋落物分解缓慢，在其未分解时，可以有效降低地表温度，并减少地表径流量，防止水土流失现象的发生。有机质增加还使得土壤团聚力增大，降低了土壤表面黏度，形成疏松表层，从而减弱了土壤压实现象。

土壤系统中无机元素与有机凋落物的存在有重要的联系，植物从土壤环境中吸收无机元素并将其转化为有机物，最终有机物凋落并通过微生物等分解者的作用将其转化为无机元素再次供植物吸收利用。有研究表明，坡地退耕后随着植物群落产生、凋落物进入土壤，土壤中的氮素、速效钾等物质大量产生，使得土壤向着有益于植物的方向发展（韩凤朋等，2009）。

植物对土壤中无机元素的影响同样因为不同植物群落、不同物种多样性、不同生长年限等因素而有所不同。有研究表明，灌丛和林地中土壤有机质、全氮、速效氮和速效钾的含量高于其他土地利用方式（Jiao et al.，2011）。龚伟等人的研究表明土壤铵态氮、硝态氮、总无机氮和微生物量氮含量，均为天然常绿阔叶林＞檫木林＞柳杉林（龚伟等，2007）。

土壤微生物量指土壤中体积小于 $5 \times 10^3 \mu m^3$ 的生物总量（何振立，1997），土壤微生物是土壤中活动最为频繁，发挥作用最为巨大的群体。微生物是土壤肥力和土壤质量的决定性因子之一（孙波等，1997）。在实际中，影响土壤微生物群落结构发生变化的因素有多种，如土壤水肥管理、人为干扰、化学污染等，但是在根本上决定微生物群落性状的因素还是在于土壤本身理化性质以及其上的植物群落状况（王光华等，2006）。也有学者认为，土壤上的植物群落初步决定了微生物系统的组成，且微生物群落多样性与植物群落多样性呈现正相关（夏北成，1998）。

### 8.3.2 园林植物对土壤污染的修复作用

2014 年 4 月，我国环保部和国土资源部联合发布了全国首次土壤污染状况调查公报。调查结果显示，全国土壤环境状况不容乐观，部分地区土壤污染较重。根据公报，10.0％的林地和 10.4％的草地已被污染，而耕地的点位超标率几乎是之前数据的 2 倍，在此之前，中国官方公布的耕地污染数字仅 1.8 亿亩左右，污染百分比约为 10％。同时，土壤污染会引起作物中污染物含量超标，并通过食物链富集到人体和动物中，危害人畜健康，引发人类癌症和其他疾病等。另外，土壤受到污染后，含污染物质浓度较高的污染表土容易在风力和水力作用下分别进入到大气和水体中，导致大气污染、地表水和地下水污染以及生态系统退化等其他次生生态环境问题。

生物修复在目前现有的污染修复方法中因为其成本低廉、无副作用，且消化污染物能力稳定，近些年得到了重视和发展。植物修复是其中有效的途径之一。植物修复（phytoremediation）是以植物忍耐和超量积累某种或某些化学元素的理论为基础，利用植物及其共存微生物体系清除环境中的污染物的一门环境污染治理技术（Cunningham，et al.，1995）。自 20 世纪 50 年代开始，植物修复开始进入人们的视线，最开始非耐性植物和耐性植物的机理研究是当时的热点；70年代末～90 年代初，人们逐渐把注意力转向对超积累植物的研究；90 年代以后，有人开始注意到超积累植物及其微生物共存体系研究的重要性。

植物修复主要包括三种机制：植物直接吸收并在植物组织中积累非植物毒性的代谢物；植物释放酶到土壤中，促进土壤的生物化学反应；根际-微生物的联合代谢作用。植物对重金属的吸收和富集，包括植物根系的吸收、植物向地上部分运输及在植物体内贮存。植物的根际行为，即植物根系由于生长发育和生理代谢活动，形成了一个不同于非根际的微生态系统，它是土壤、植物和微生物相互作用的场所，也是水分、养分和污染物进入植物体内的门户。植物吸收的有机污染物，一部分通过植物蒸腾作用挥发到大气中，但大多数有机污染物在植物的生长代谢活动中发生不同程度的转化或降解，被转化成对植物无害的物质储存在植物组织中，只有较少的一部分被完全降解、矿化成二氧化碳和水（郭观林和周启星，2003）。植物产生的酶可催化降解有机污染物。植物的根和茎本身具有一定的代谢活性，而且这些活性是可以被诱导的，植物释放到根际土壤的酶等根系分泌物可以直接降解有机污染物。

## 8.4　保护生物多样性

生物多样性是指一个区域、一个国家乃至全球多种多样的生物（动物、植物和微生物）有机结合在一起的总体特征，它既能表现出生物之间以及生物生存之间的复杂关系，也是生物资源丰富多彩的重要标志（张英杰等，2004）。生物多样性包括生态系统多样性、物种多样性和基因多样性。将地球环境看成一个总体的生态系统，地球上各种森林生态系统、海洋生态系统、城市生态系统，乃至多种多样的生物是人类赖以生存和发展的物质基础，是维持生态系统平衡和保护生态环境不可缺少的基础。正因为如此，生物多样性的保护在全球范围内，受到各国各组织的高度重视。

城市绿地在城市生态系统中承担的一个重要任务就是为保护城市生物多样性提供载体，这主要是因为植物多样性作为生物多样性的基础。植物群落可以形成相对独立稳定的局部小气候，林冠层可以降低环境风速，植物根系可以发挥涵养水源和保持水土等作用，为动植物甚至微生物提供了良好的生存条件。城市绿地还可以为诸如鸟类，昆虫类提供安全的栖息地生境，供它们生存或迁徙途中停留。此外，城市绿地能为城市内动物、昆虫和鸟类提供丰富的食物资源，一些观花观果的植物是昆虫和植食性鸟类采食的重要食源树种，甚至吸引后续食物链条上的一些虫食性鸟类。同时，城市绿地中的微生物分解，促进物质循环与能量流动，带动整个城市生态系统一定程度的稳定与平衡。值得注意的是，城市绿地的生物多样性保护越好，其生态功能越强。绿地系统在规划时应当遵循科学的岛屿与生物地理学原理，在一般的城市环境中的各个"生境岛"之间以及与城外自然环境之间修建"廊道"和"暂息地"，减少城市生物生存、迁移和分布的阻力，以形成城市绿化的有机网络，使城市绿地系统成为开放系统，给生物提供更多的栖息地和更大的生境空间，促进城市以外自然环境中的动植物通过"廊道"向城市区域迁移，增加各生境斑块的连通性，维持生物群体自身的生态习性和遗传交换能力（范亚民，2003），从而实现绿化对生物多样性的保护效益。

## 8.5 滞纳雨洪、净化水质

随着经济社会的快速发展，城市化进程不断加快，城市发展过程中面临的雨水径流污染、洪涝灾害、水资源匮乏等突出共性问题日益严重（王建龙等，2010）。近年来，国家提出建设"海绵城市"的新理念，提倡构建低影响开发雨水系统，目的是为了从源头缓解城市内涝、削减城市径流污染负荷、节约水资源、保护和改善城市生态环境。所谓海绵城市，是指城市能够像海绵一样，在适应环境变化和应对自然灾害等方面具有良好的"弹性"，下雨时吸水、蓄水、渗水、净水，需要时将蓄存的水"释放"并加以利用。建设海绵城市，即构建低影响开发雨水系统，主要是指通过"渗、滞、蓄、净、用、排"等多种技术途径，实现城市良性水文循环，提高对径流雨水的渗透、调蓄、净化、利用和排放能力，维持或恢复城市的"海绵"功能。2014年10月，我国住房和城乡建设部发布了《海绵城市建设技术指南——低影响开发雨水系统构建（试行）》，对海绵城市的规划、设计、工程建设和维护管理做出了具体的说明和规定，指南提出了海绵城市建设——低影响开发雨水系统构建的基本原则，规划控制目标分解、落实及其构建技术框架，明确了城市规划、工程设计、建设、维护及管理过程中低影响开发雨水系统构建的内容、要求和方法，并提供了我国部分实践案例。2015年，为加快推进海绵城市建设，修复城市水生态，涵养水资源，增强城市防涝能力，扩大公共产品有效投资，提高新型城镇化质量，促进人与自然和谐发展，《国务院办公厅关于推进海绵城市建设的指导意见》（国办发［2015］75号）又对海绵城市建设的总体要求、统筹规划等方面做出了要求，提出了最大限度地减少城市开发建设对生态环境的影响，将70%的降雨就地消纳和利用的目标，并且到2020年，城市建成区20%以上的面积达到目标要求；到2030年，城市建成区80%以上的面积达到目标要求，把海绵城市的建设提上了重要日程。

海绵城市构建从源头到末端的全过程控制雨水系统，与传统雨水利用相比，海绵城市更注重雨水的自然积存、自然渗透和自然净化，是一种绿色可持续的雨水排放模式（王国荣等，2014）。而城市中，能够起到弹性控制雨洪的核心要素，正是城市中的各种绿地，绿地在调节城市地表径流、消洪减灾、净化水质方面有着重要的、不可替代的生态价值。城市中园林绿地是调蓄城市雨洪最主要的载体之一，其在减少城区暴雨径流、节省市政排水设施以及净化雨水等方面具有重要作用（张彪等，2009）。有数据表明，在有植被覆盖的城市区域，只有5%～15%的降水形成了地表径流，其余降水都被植被拦截，而没有植被覆盖的城市区域，约 6 成的降水以地表径流的形式排放到了城市下水道（Bernatzky，1983），大大增加了城市雨洪灾害的发生概率。

城市降雨通过绿地林冠后，进入枯枝落叶层，枯落物层吸收水分并达到饱和后会产生积水，其中一部分下渗入土壤，另一部分在重力作用下沿土壤表面流动，产生另一种意义上的地表径流。它与城市裸露地表的径流不同，受到了枯落物的截留后，不仅水量大大减少，而且具有极低的汇流速度，从而解决城市地表径流带来的水土流失问题。而且由于园林绿地土壤超强的透水性和持水性，可以对渗透的雨水进行二次调蓄，产生良好的水源涵养作用。据中国科学院安塞站的径流观测数据，裸地的年平均径流量为 25590m³/km²，而覆盖草本植物的地块年平均径流量为 10000～13000m³/km²，灌木覆盖地块年平均径流量为 11434m³/km²（戴均华，2012），可见绿地在减少地表径流方面的重要价值。

园林绿地对城市地表径流的调节不仅体现在减少地表径流量方面，在延缓地表径流的产生方面也有重要贡献，它可以滞后地表径流的发生（图 8-3）。试验证明，在暴雨的降雨条件下，绿地在降雨开始的 28～53min 内产流，产流峰值的滞后可以达到 45～60min（孔花，2012），这能给城市排水管道提供充沛的泄洪时间，减少城市排水设施等基础设施的排水压力，降低城市雨洪灾害的发生概率。

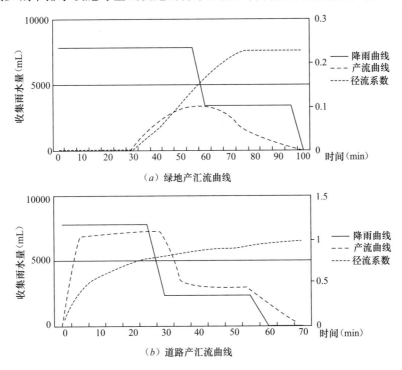

图 8-3  0°～5°坡度下绿地与道路的地表产汇流量随降雨时间
的变化曲线对比（引自孔花，2012）

　　园林绿地可以将调蓄的雨水补充至城市地下水，变无效水为有效水，防止城市地下水断流。对于城市河道而言，园林绿地将大部分降水渗入地下，贮存于土壤中，化为涓涓细流，使雨水均匀而缓慢地补给城市河道或水库，以丰补歉，在枯水期仍能保证一定量的水分注入，使城市河道水量在一年内达到均衡，缩小洪枯比，稳定水位，具有较大的调蓄江河流量，补给河水的功能。城市降水经过绿地植被的过滤与吸附后，水质得到净化，基本能够达到地表水五类水质标准（侯立柱等，2016）。在降水到达绿地林冠进行第一次降水分配的同时，雨水中的化学元素也发生了交换过程。由于雨水溶解了大量的树表分泌物，雨水中离子被植物枝叶吸收并且对枝叶表面的微粒、粉尘等悬浮物进行淋洗，使穿透雨水和土壤径流中的化学成分发生变化，而植物根系对土壤中的水分污染物还能进行二次吸附，最终可以净化水质。

# 第9章　北京市朝阳区社区绿化生态效益评价方法研究及标准设计

近年来，"社区"、"社区发展"、"社区建设"已成为大众关心的热门话题，随着城镇化进程的不断加快，社区在城镇工作中的地位越来越重要，承担的任务日益繁重。加强社区工作管理，充分发挥社区的职能作用，成为构建和谐社区的一个重要组成部分。社区是城市管理的基本单元，如何更好地利用社区力量和社区资源，强化社区功能提升社区自身水平，是城市管理中最主要的内容之一。

在提倡"以人为本"、"生态绿化"的今天，如何创建宜居环境已经成为大众最为关心的问题。社区绿地作为社区环境构成的重要内容之一，对于社区居民的生活质量有着不可估量的影响。同时，社区绿地以其涵盖的多种城市绿地类型，成为城市绿地系统的一个重要组成部分，构建了城市人工生态平衡系统中的重要一环。城市社区绿化，是改善社区生态环境质量和维持社区生态平衡的重要途径。社区绿地及绿化配植具有保护环境、美化环境、拓展生活空间等诸多作用，涉及生理、行为、精神、文化等诸多方面，是人、建筑与自然和谐共生的自然基础。

北京林业大学董丽教授团队自2006年开始受北京市朝阳区城市管理监督指挥中心委托，开展了北京市朝阳区社区绿化生态效益评价方法研究及标准设计，以期通过客观公正的数据监测与调查采集以及标准化、数量化的评价和排序，激励倡导各社区管理者及每一个居民从自身利益和改善区域乃至整体环境生态质量的角度出发，积极地投入到绿化管理建设工作中。同时社区绿化生态效益评价体系的构建和实施是朝阳区绿化评价体系中重要的一环，是朝阳区数字化社区评价系统构建过程中亟待攻克的重点难点，实现生态效益指标的数字化评价，可为后期全面地实现社区数字化、社会化管理打下良好的基础。

## 9.1　绿化生态效益评价在社区管理层面的重要性

### 9.1.1　社区的绿化管理

现代城市管理中，社区管理与服务无疑是与城市居民生活、福利、保障等诸多方面息息相关且至关重要的一部分内容。在一些发达国家，城市的管理主要通过社区管理与服务得以实现。社区管理和服务的水平反映一个国家的行政管理水平、文明程度和国民的基本素质，也反映了一国居民的根本需要。社区管理与服务具有事关构建和谐社会乃至于达成世界共同目标的重要性。所谓社区管理，是在一定的社会环境下，社区基层组织与社区居民、社区单位等部门或机构，为了维护社区整体利益、推动社区全方位发展，采取一定的方式，对社区的各种事务进行有效调控的过程，是政府和社区组织依据相关的法律，对社区居民的公共行为和社区的公共事务实施的管理过程。社区管理包含两层语义：社区管理是整个社会公共管理的一部分，既包括社区组织对自己身边事务的管理，也包括政府对社区的管理；另一方面，社区管理也是社区组织对其社区居民的公共行为和内部事务的管理。社区管理具有区域性、群众性、综合性、规划性、层次性、动态性等基本特征，社区绿化管理属于社区管理范畴，因此也具有以上的这些特点。

社区管理的主要内容有以下几个方面：

（1）社区对居民行为的管理。社区对居民行为的管理，包括了对"人"的管理，即对社区居民的个人行为和社区内的一切公共行为所进行的管理。居民的个人行为即私人行为。个人行为只要是在私人空间内，对他人、家庭、社会、环境等不产生危害，那么作为私人的行为社区组织无权进行干涉。但是，私人的行为要是给社会、组织、他人和环境造成了危害或潜在的危害时，社区组织就有权进行管理。

（2）社区对公共事务的管理。社区的公共事务是指能够对许多人产生共同的影响、需要社区成员共同决定和采取行动的事务。社区是由居住在社区内的居民组成的共同体，社区生活中会有大量的公共事务等待社区组织去处理，比如社区的绿化、环境的卫生、社区治安、社区基础设施建设等，这些事务涉及社区的每一个居民，要解决这些事务需要社区居民同心协力，共同完成任务。但同时，社区的公共事务也可能涉及居民不同层次的利益，因而，需要有一个利益的协调机制来平衡社区的不同利益。这就必须要求社区的管理人员通过日常的社区管理活动，来处理不同利益集团的公共事务。

（3）社区对政府公共事务的管理。我国政府的某些职能，需要交由基层社区组织来承担具体的管理工作，如公共卫生、疾病防治、计划生育、人口普查、流动人口的管理等。这些事务属于更大范围的社会公共事务，政府承担其管理职责。但政府在具体实施工作中，需要社区基层组织参与工作和帮助实施。实际上，我国的城乡社区的管理在很大程度上是政府管理体系的一部分。随着我国社区建设的日益发展和壮大，社区一方面属于居民的自治组织，另一方面也是政府公共行为的管理组织。

在这其中，社区绿化管理是社区管理服务中的一个重要内容，也具有社区管理的基本特征。社区绿化管理包括两方面内容，第一是对绿地本身的管理，社区层面的绿化包括社区范围内的中央绿地、小游园绿地、楼间与宅旁绿地、道路附属绿地等基础栽植以及建筑垂直与屋顶绿化等。第二是社区组织和居民对绿地各要素施加的行为，如对植物的损坏，对原有绿地空间的占用和私有化等。而组织和个人的行为最终也会反映在绿地所呈现的外貌及发挥的各种效益上。因此，对绿化（绿地本身）的评价，也间接促进了对居民行为的管理。正确认识社区绿化的重要性，对社区绿化乃至环境建设有着不容忽视的意义。首先，社区绿化是生态建设的需要。随着人们环境意识的提高，人们对于城市生态平衡与环境状况日趋重视与关注，而社区的绿化建设与人们的生活环境质量有着直接的关系，绿色植物的降温增湿、除尘杀菌、消音、净化空气、美化环境等生态效益服务功能是最易被人们理解和重视的。对于绿色植物这种调节生态系统平衡的生理机制加以应用，可以使社区内生态环境得到改善，乃至使城市的生态平衡得到保障。其次，社区绿化是环境美化的需要。随着城市居民物质生活水平的不断提高，人们对精神生活的需求也越来越高，这种需求不再仅仅局限于对于建筑物本身的要求，还包括对居住区环境美化的要求，而环境的美化在一定程度上可以满足人们对这种精神生活的需求，绿地建设是美化城市环境最为直接的手段。建设一个良好的居住环境可以为人们营造良好的学习工作、生活休息的环境气氛，有助于挖掘和维持人们对生活乐观向上的态度，提高人们的学习工作效率和生活休闲品质等。好的绿地建设对于环境品质提升具有显著的意义，良好的植物景观可以创造出形、色、质更为协调的环境，使人置身于美的环境之中，从而愉悦身心。再次，社区绿化是创建"园林城区"的需要。城市绿化建设是现代化城市建设的重要组成部分，是改善生态环境、提高环境质量的重要因素，现代化大都市的重要标志是高效益的经济活动、高质量的生态环境、高效率的基础设施、高水平的生活质量、高度灵活配套的社会协作和服务体系。而实现这些目标的出发点即从点滴积累，做好社区绿化单元，提升和均衡城市整体绿化水平。

### 9.1.2　社区绿化数量化管理的内涵与意义

　　数量化的城市管理是近年来新兴的一个概念。"粗放型"的城市管理方式已经与现在社会与城市发展的节奏脱节，精细化管理是势在必行的。以"数字化"为基础，精细化的管理主要体现在标准化、数量化以及细微化三个方面（李东泉和刘晓玲，2009）。所谓标准化就是按照新的管理细致的要求制定并落实各项标准；数量化是将各个城市管理的各项标准基本数据进行量化的统计、分析，在各项指标的量化分析之上进行量化评价，从而最终实现城市管理的细致化。而在城市管理中，如何管好绿地是城市政府面临的一个非常重要的问题。当今社会步入信息时代，各项技术的快速发展使得城市不再仅仅是一个实体概念，同时还具备了虚拟的数字概念。要想实现城市绿化数量化管理，其主要的目标在于以高效、系统、完整、动态的信息作为基础，实现动态监管，使得管理、服务、设施合理地配置，并促进实现新的管理机制；同时，在数量化管理的平台上，实现数据的透明、高效，实现政府、群众以及其他机构的信息对称。在我国，政府与民众对于绿化的认知也是从最开始的美化环境上升至"城市基础设施"的高度，也正是在这个过程中，人们逐步意识到城市绿地和绿化对于城市环境建设的重要性。从简单地注重绿化的数量到注重绿化的质量，从关注绿化的艺术性到对于绿地生态功能的重视，其中也体现了社会经济发展对于绿地功能诉求的转变。

社会是一个有机体，而社区就是这个有机体的细胞，社区正如一只小麻雀，"麻雀虽小"可"五脏俱全"。社区是一个由服务形式或管理过程构成的复合体，其中每个服务形式或管理过程都在与其他的服务形式或管理过程的互动过程中生存和发展。从社区管理层面来讲，扮演其主体角色的是三大方阵，即政府、社会力量和广大居民；而从社区居民层面来说，人们所要追求的安居和归属感，则与社区管理和服务的形式及其过程紧密关联。因此，以社区绿化为例，通过一定的社区管理服务手段，带动社区居民对于社区绿化建设的参与感、共建感和管理主人翁意识，是促进这种紧密关联的有效手段。

数字化管理作为城市园林绿化顺畅高效运行的保障之一，具有很多的优势，除具有节省人力、物力和节约资源等优点外，其便于相关管理部门的管理，使得城市园林绿化管理更为精细、规范、科学；便于对相关绿地资源进行保存使用，提供管理、研究、使用的资源共享平台；可进行二次开发，加强公众对于园林绿地管理、维护的积极性（李诗华等，2012）。

社区绿化的数量化管理本质上是通过相应的系统体系构建，以及技术手段辅助，实现对于社区绿化的基础信息管理、景观动态监测、植物养护管理、基础信息查询、统计分析、趋势预测等功能，通过对各项检测数据的量化分析实现城市监管、养护管理、辅助决策等一系列功能。数量化管理系统从精准性上，可以对城市绿化的植物种类、数量、植物配置方式、植物生长状况以及养护管理等诸多环节进行系统监管，可以从绿量提升、物种丰富度、树种结构比例变化、景观风貌以及生态功能等诸多方面提供宏观的把控。从导向性上看，数量化的管理通过对海量数据的挖掘，可以发现绿地营建、管理中的问题，通过与公众、学者的三方合力，为城市绿化、社区绿化的政策法规、城市绿地的营建及发展方向提供很好的决策依据。建立城市/社区园林数量化管理综合信息系统，可提高城市绿化工作的透明度，增强公共服务水平，形成市民与政府共同管理城市的良性互动格局，评价系统有助于相关部门了解自己的工作，从公众中收集利弊信息以完善相关机制，同时亦能促进社区自治。

## 9.1.3 社区绿化生态效益评价的重要性

正如前文提到的，绿化具有很多值得关注与重视的生态效益功能，且这些功能与人居环境质量水平和城市居民身心健康问题等密切相关，例如，绿化的降温增湿效益可以有效改善环境小气候，进而影响人体舒适度；绿化的滞尘、杀菌、负离子效益，可以净化环境空气，甚至具有保健作用；绿化的降噪效益可以改善城市环境的噪声污染等等。在当今城市环境问题突出、环境健康与安全越来越受到重视的社会大背景下，重视城市绿地的生态效益服务功能，甚至重视百姓身边的绿化——社区绿化的生态效益显得尤为重要。在人们以往对于绿化的认知中，植物、绿化是美化居住环境的一种途径，增加绿化植物可以有效提升居住环境的景观品质，但是这种认知远远不够，绿化通过自身的生理生化途径改善环境质量在近年来被越来越多的科研工作者加以研究证实，从而普及至公众，人们对于绿化生态效益的重视程度也在不断提高。将社区绿化生态效益评价纳入社区绿化数量化评价管理系统，通过评价这种管理行政手段，间接地带动民众和有关管理建设部门对于绿化生态效益的重视，增加社区居民对于社区绿化评价的参与度和共建归属感，同时间接促进居民对社区绿化成果的爱护和主动维护，在一定程度上这不仅在管理服务层面具有重要的意义，在科学普及层面也具有积极的推动作用。

社区绿化生态效益评价是对社区绿化数量化管理的重要补充，是对绿化可以带来的与环境、健康、生态有关的更为深层次的长远发展意义加以考虑，不再是仅仅评价一个社区有多大面积的绿地、种了多少棵树才算好的社区绿化这么简单。从社区内可以达到何种绿化水平，从而又能产生多少有益的生态效益出发对社区绿化生态效益进行评价，也是对社区绿化的一种评价。我们常说社区绿化的生态效益是城市环境质量建设和改善人居环境建设中不可缺少的重要内容，是城市生态系统中最为活跃的构成要素，因此如何科学有效地实现社区绿化生态效益的评价，从而完善社区绿化的管理服务，在城市管理层面上，无论对于研究人员还是城市管理工作者都是一个十分必要以及迫切需要探索的领域。

## 9.2　社区绿化生态效益评价体系与标准构建原则

社区绿化环境的舒适、和谐、便利、适用等可感知的参数集合，是评价绿化环境可观、可游、可持续性的重要依据。评价体系的设计和建立是整个绿化评价的关键。在评价体系的构建中，须遵循以下原则：

（1）科学性原则。评价指标体系的设计必须建立在科学的基础上，客观如实地反映社区绿化生态效益的构成，反映生态效益目标和指标的支配关系，而且指标体系的繁简也要适宜。评价指标不能过多过细或者过简，导致指标之间相互重叠或信息遗漏。

（2）系统性原则。评价指标体系中所设置的每个指标项，应该都能独立地反映社区绿化生态效益的某一个方面或不同层面的水平。各指标间相互独立，相互联系，共同构成一个有机的整体，使评价结果可以全面地反映社区各项绿化生态效益的整体效果及综合效益。指标层次分明，具有针对性，选择的指标尽量反映不同层次的社区绿化生态效益水平，从而使得评价结果具有真实性、可靠性。

（3）可比性原则。评价指标应使用统一的标准衡量，尽量消除人为的可变因素的影响，使评价对象之间存在可比性，进而确保评价结果的准确性。

（4）可量化原则。体系中各评价指标都应定量化，对于评价指标中的定性指标，尽量通过现代定量化的科学分析方法使之量化。这有利于衡量被评价对象实现目标的程度，也有利于运用计算机进行后期分析与处理。

（5）可行性原则。设置指标时应保证通过比较简便的统计方法或者查阅资料就可以采集到确定指标值所需的数据，以便于在实践中的应用。

（6）简明性原则。指标体系及其评估方法应简明有效，便于实际评估工作的开展和操作。

（7）实用性原则。在实际应用中，有较强的可操作性、实用性。理论与实践结合，是对评价标准和体系建立的多方面原则基础的检验。

（8）渐进性原则。国内目前还缺少绿化评估的一些基本数据，由于研究对象的特性，有些项目难以做定量评价。在开始制定评价标准的时候，在某些项目、指标上可设计定性评价多一些。在长期的基础数据收集以及评估体系经过制定、试行、调整、修改、再试行后，再探索建立符合国情和区域条件的定量化评估体系。

## 9.3 社区绿化生态效益评价体系构建

正如前文提到，绿化对城市环境改善具有诸多方面的功能效益，通过系统科学的绿化效益评价体系可以实现对社区绿化的数量化管理。在上述原则指导下，北京市朝阳区早在 2006 年初，由朝阳区城市监督管理中心与北京林业大学园林学院合作，从科学性、前瞻性和可操作性强的原则出发，进行了《朝阳区社区绿化评价标准》的研究。从绿地的结构、功能、形态，从与设计相关的要素到后期养护管理，较为全面地对社区绿化进行了系统、客观的评价体系构建。在评价指标体系的构建中，以扁平的三级指标体系为主，本着实用性、可操作性的原则，以绿化密切相关的主要指标考核评价为主，根据前人研究和相关国家规范、地方标准，构建了一个较为完整的社区绿化质量评价体系，体系包括 4 个二级指标和 18 个三级指标（图 9-1）。

其中二级体系包括绿化指标、景观指标、生态指标和管理指标。这其中绿化指标是基础，反映社区土地构成中绿化的基本量，而景观指标用来反映绿化美观程度，生态指标是社区绿化基本生态功能的效益，管理指标则是评价社区层面上对绿地的管理水平。各二级指标下分别设置有不同侧重的三级指标。在该体系

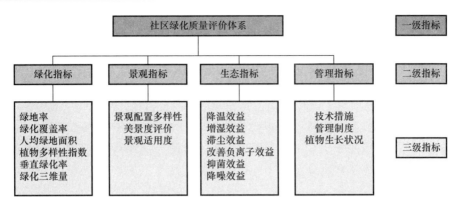

图 9-1　朝阳区社区绿化质量评价指标评价体系

中，生态指标所涵盖的各三级指标反映的是社区绿化可以实现的六个改善人居环境的生态效益内容，是体系的重要构成部分。

在第一阶段对社区绿化指标评价的基础上，自 2011 年开始启动社区绿化的生态效益评价。对社区绿化生态效益评价体系进行进一步的细化，构建出包含三级指标的评价体系，包括降温效益、增湿效益、滞尘效益、抑菌效益、改善负离子效益、降噪效益，并在此基础上进行综合生态效益的评价（图 9-2）。

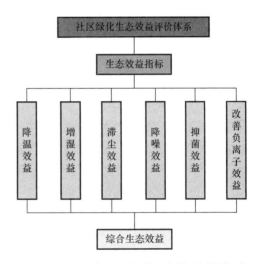

图 9-2　北京市朝阳区绿化生态效益评价体系

## 9.4　社区绿化生态效益评价指标的确定

社区绿化是城市绿化的重要组成部分，其所发挥的生态效益同样是城市绿化综合效益的重要组成部分，但社区层面上的评价，更多地需要考虑社区绿化的尺度、与居民生活的关系及居民的重视程度。朝阳区社区绿化生态效益评价最终选取降温效益、增湿效益、滞尘效益、改善负离子效益、抑菌效益及降噪效益 6 项指标，这 6 项指标都是与社区居民的人居环境有极为密切且直接的相关性，是环境质量评价工作中反映时下热点环境问题和民生所向的主要指标方向。这些指标通过进一步的相关研究，可进行科学的量化与评估。

### 9.4.1  降温效益

城市绿地作为城市生态系统重要的组成部分，通过影响大气的水、热循环等在调节城市气候和协助城市应对未来气候变化中扮演着极为重要的角色。园林植物通过叶片大量蒸腾水分而消耗城市中的辐射热，通过树木枝叶形成的浓荫阻挡太阳的直接辐射热和来自路面、墙面和相邻物体的反射热，降低周围环境的空气温度。另外，种植在建筑周围的树木可以通过遮挡建筑窗户、墙壁以及屋顶的太阳辐射和周围环境的反射辐射，从而改变建筑的能量平衡和空调制冷的能量消耗，这便是绿化的降温效益。

社区居民生活在社区，对社区绿化环境一个很重要的感知来自于环境小气候与人体舒适度，夏季温度过高与冬季温度过低都会导致体感不适，甚至引发疾病。因此，绿化的降温效益可以有效调节社区环境舒适度，是反映社区人居环境质量水平的重要指标。

### 9.4.2  增湿效益

空气相对湿度同样是反映环境小气候与舒适度的一个重要指标，城市园林植物冠层具有通过叶片蒸腾蒸散向环境释放水分，从而增加空气相对湿度，改善小气候，缓解城市热岛与干岛的生态服务功能。在整个城市范围内，公园绿地、社区绿地及屋顶花园等绿色植被通过增加蒸发面积可以对整个城市的能量平衡进行调节，从而有效地增加城区的空气湿度。同降温效益一样，绿化的增湿效益不但可以有效调节社区环境内的空气相对湿度水平，还可间接调节环境空气温度水平，进而调节社区环境舒适度，同样是反映社区人居环境质量水平的重要指标。

### 9.4.3  滞尘效益

园林植物作为"天然过滤机"，可以通过降低近地面流场风速，以滞留、附着和黏附等途径使空气中弥漫的颗粒物发生沉积，显著减少空气中不同粒径颗粒物的含量，降低大气颗粒物污染（柴一新等，2002）。植物由于叶面粗糙性、树冠结构、枝叶密度和叶面倾角的差异而有不同的吸滞粉尘能力。园林植物叶片表面所滞留的颗粒物组成复杂，有研究表明叶面附着颗粒物中有 50% 的含量属于人类活动所产生的细微颗粒（Tomasevic et al.，2005），对颗粒物成分进行研究发现叶片滞留的颗粒物中 98.4% 是 $PM_{10}$，64.2% 是 $PM_{2.5}$（Wang et al.，2006），证明了植物叶片表面滞留颗粒物中大多数为细颗粒物和超细颗粒物。利用植物净化空气中的尘霾是针对中国环境现状实用而有效的方法。

空气的清洁度和污染程度因与人居生活密切相关，越来越多地受到人们重视，因此，绿化的滞尘效益也成为衡量人居环境质量水平的一个重要指标。

### 9.4.4  改善负离子效益

空气负离子具有杀菌、降尘、清洁空气、提高免疫力、调节机能平衡的功效。空气负离子也因此被称为"空气清洁剂"。而森林树木的叶枝尖端放电及绿色植物通过光合作用形成的光电效应，可以促进空气电离而产生负离子。有诸多研究已经证实，植被覆盖区域的空气负离子含量要高于一般城市区域，绿色植被的生长发育能够影响其周边的空气质量。因此，绿化的改善负离子效益也应当被选择作为社区人居环境绿化生态效益评价的指标之一。

### 9.4.5　抑菌效益

空气中的微生物含量也是检验空气是否健康清洁的一个重要因子，城市园林植物一方面通过滞尘作用减少大气中附着于尘埃上的细菌数量，另一方面可以通过一些林木分泌的挥发性杀菌物质（如丁香酚、松脂、肉桂油等）来改变周边环境条件，实现杀菌、抑菌作用（Gao，2005）。此外植物内部的氨基酸、生物碱也可能具有抗菌、杀菌活性。因此，绿化的抑菌效益对环境空气质量改善也有积极的促进作用，可以作为衡量人居环境质量水平的一个重要指标。在实际园林应用中应合理增加绿化面积，加强绿地环境卫生的管理，从而最大限度地发挥园林植物的抑菌作用。

### 9.4.6　降噪效益

城市园林植物可以通过反射和吸收树体表面的黏热性边界层的声能量，从而对声波起到衰减作用；或者是通过植物群落内部的树枝或茎干的阻尼声驱动振荡衰减声波能量（Fricke，1984）。除植物本身的降噪因素以外，园林绿地对城市噪声的减弱效益是植物茎干、枝叶与土壤、地形、大气等多种因素综合作用的结果，因此能有效促进周边环境的噪声衰减。衰减多发生在低频范围内，衰减功效与树种及其布局均有关，越是密集的立体绿化带或是枝叶茂密的植物群落对噪声的削减效益越强。已有研究证实，园林绿地对城市噪声的削减与城市裸地相比有很大的差异，有植被覆盖的城市地表明显拥有更强的降噪效果。

环境噪声常常严重干扰和影响城市居民的生活工作，社区内可以营造怎样的社区声环境对于评价社区环境质量十分有必要，因此绿化的降噪效益应当被选择作为社区人居环境绿化生态效益评价的指标之一。

## 9.5　社区绿化生态效益评价方法研究

社区绿化生态效益的评价涉及诸如环境气温、相对湿度、空气粉尘含量、环境声级、空气负离子含量、空气微生物含量等实测性环境因子，每一个环境因子都有其相应的科学严谨的监测方法和手段。对所有社区逐一进行实地生态效益环境监测，虽然是最为科学严谨且真实反映各环境参数指标现实水平的方法，但这在大范围区域内操作显然是不现实的，逐一监测的方法将会耗费大量的人力物力投入，众多限制性因素也将成为障碍。

同时，绿地的生态效益受到季节、时间、气象条件、特定区域环境条件等诸多因素的影响与干扰，可谓是"每一个特定地方，都有一个实际情况"。为了能够得到适用于朝阳区城市管理工作者使用的更为方便快捷的评估方法，研究团队在前期采用实际样地抽样、现场周年季度监测的方法来获取所需基础数据，利用对抽样社区各生态效益指标基础数据与抽样社区绿化基础指标数据的分析，试图在两者之间建立相关性回归方程，以求在两者之间搭建可量化的计算公式，以便于日后使用。同时，实地监测方法可用于未来定期抽样实测矫正公式。

### 9.5.1 评价的整体思路

准备工作：在朝阳区绿化基础普查数据的基础上，依据分层随机抽样与典型性抽样相结合的抽样原则，在行政区水平上选取 12 个社区，后经实地踏查与预试验校验，最终确定 11 个社区样本，这些社区满足了分布均匀、绿化水平代表不同梯度的要求。

第一步：利用实地监测，获取最直接、真实的社区绿化各生态效益指标的数据，统一换算后，再根据所设权重，计算综合生态效益强度水平。这就为后续间接利用绿化指标估算生态效益水平提供了数据基础和标准参考值，是一项十分重要的基础工作。

第二步：利用实地监测获得的绝对生态效益水平数据与实地踏查获得的基础绿化指标数据，经过科学的分析统计，找到两个体系间部分有效指标的相关系数，建立最佳拟合多元回归方程，即后期使用的间接估算法的计算公式。

第三步：利用间接估算法公式对部分社区绿化生态效益水平进行模型反演，验证其相对准确度，此公式可用于城市管理部门对朝阳区所有社区进行生态效益估算评价。

第四步：每年度，利用间接估算公式，在对基础绿化指标普查的基础上，便可对朝阳区社区绿化生态效益水平动态发展情况进行评价。之后可适期实地直接检测验证和修正计算公式。

综上研究得到的评价方法体系，体现了"直接指导间接，间接验证直接，直接与间接相结合"的要求，力争在保证科学严谨的前提下，构建切合实际、简便快捷、可操作性强、灵活性强、结构完整的评价方法体系。

通过在社区内外科学地设置监测样点，利用相应环境监测仪器，实地监测获得各单项生态效益指标数据。再通过既定的计算公式，推导得出社区绿化对各单项生态效益指标的改善程度。最后，按照社区绿化生态效益评价体系中相应指标所占权重，进行综合整体评估，进而获得社区生态效益指标排名。

### 9.5.2 评价研究方法

#### 9.5.2.1 样本社区与监测样点的选取

基于对朝阳区社区绿化历史数据的整理，得出朝阳区全社区排序信息统计结果。根据分层随机抽样，结合典型抽样的原则，预先选出 15 个拟定样本社区。经过实地踏查后，选取区域范围内分布均匀、一定程度上覆盖朝阳区不同绿化水平梯度的样本社区 11 个，分别为和平家园社区、望京花园社区、百子湾东里社区、秀雅社区、花家地南里社区、莲葩园社区、青年城社区、水碓子社区、顺源里社区、翠城雅园社区、武圣东里社区（图 9-3）。各样本社区的基础绿化信息见表 9-1。

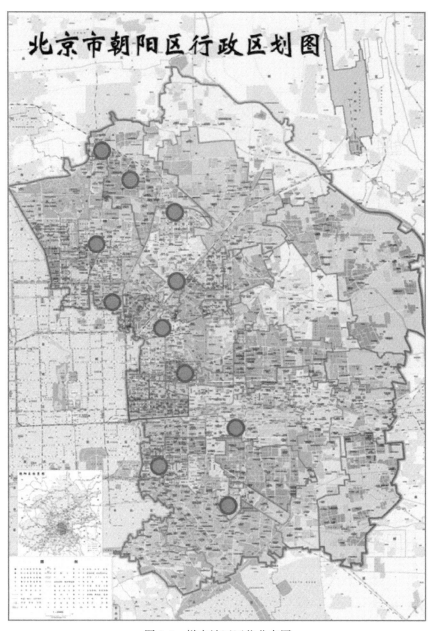

图 9-3　样本社区区位分布图

表 9-1

样本社区绿化基础信息

| 社区名称 | 社区面积(m²) | 人口数(人) | 纯绿化面积(m²) | 纯绿化覆盖面积(m²) | 乔灌三维量(m²) | 植物种类 | 植物数量 | 纯绿化率 | 纯绿化覆盖率 | 物种多样性 |
|---|---|---|---|---|---|---|---|---|---|---|
| 望京花园 | 943209.80 | 11093 | 66308.7073 | 66308.7073 | 5928.9109 | 53 | 5612 | 0.0703 | 0.0703 | 0.00079929 |
| 花家地南里 | 772796.69 | 6960 | 31505.2953 | 50980.7545 | 42377.0743 | 51 | 3993 | 0.0408 | 0.660 | 0.00100038 |
| 秀雅 | 254294.43 | 5480 | 48787.4824 | 64511.5100 | 33010.1570 | 61 | 3250 | 0.1919 | 0.2537 | 0.00094557 |
| 和平家园 | 460949.15 | 11205 | 86826.9787 | 142280.7432 | 270067.7985 | 77 | 12214 | 0.1884 | 0.3111 | 0.00053703 |
| 百子湾东里 | 693432.58 | 13679 | 79999.0173 | 80025.5111 | 618.1786 | 44 | 2649 | 0.1154 | 0.1154 | 0.00054982 |
| 莲葩园 | 262764.30 | 11099 | 32456.1126 | 5130.0000 | 374513.0723 | 4 | 1028 | 0.0626 | 0.0195 | 0.00077973 |
| 青年城 | 175895.50 | 4541 | 397.5785 | 397.5785 | 392811.2305 | 1 | 10 | 0.0023 | 0.0023 | 0.00251523 |
| 水碓子 | 240915.64 | 9711 | 35471.0400 | 53955.5411 | 77937.2293 | 65 | 3350 | 0.1472 | 0.2240 | 0.00120470 |
| 顺源里 | 363534.00 | 4737 | 27278.2853 | 43720.6104 | 55182.7440 | 61 | 2942 | 0.0750 | 0.1203 | 0.00139522 |
| 翠城雅园 | 218203.73 | 6960 | 8252.3292 | 8252.3292 | 68.9837 | 33 | 413 | 0.0378 | 0.0378 | 0.00399887 |
| 武圣东里 | 132919.36 | 8630 | 20205.3910 | 36470.4135 | 36791.3102 | 64 | 3287 | 0.1527 | 0.2744 | 0.00175485 |

　　在样本社区全面踏查基础上，选取能够代表社区各类绿化模式及铺装模式的样点 4 个，社区外半径 300m 范围内城市环境对照样点 1 个，共计 55 个监测样点（图 9-4）。通过对这 55 个监测样点及所在社区进行绿化基础信息的采集，实地测查、记录监测样点的绿化面积、绿化覆盖面积、物种构成、配置方式、群落结构、郁闭度等群落信息；通过调查获取单株植物株高、冠幅、胸径、枝下高、重点树种单株叶量等植物信息。

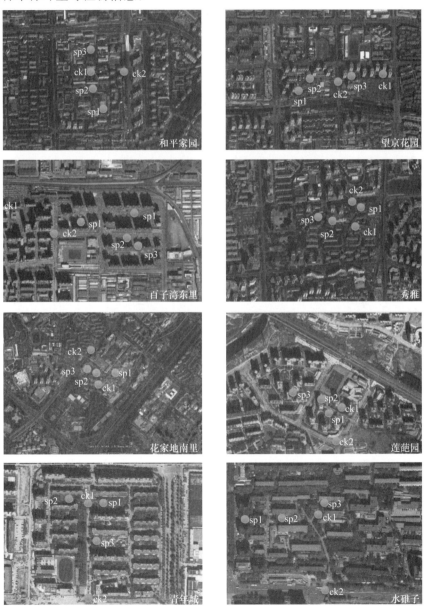

图 9-4　朝阳区样方社区代表性样点选取

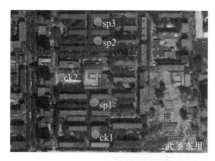

图 9-4 朝阳区样方社区代表性样点选取（续图）

### 9.5.2.2 样本社区生态效益评价相关环境因子实地监测

各个生态效益指标可以被其相应环境因子所表征，降温效益对应空气温度、增湿效益对应空气相对湿度、滞尘效益对应空气总悬浮颗粒物含量、降噪效益对应环境声级、抑菌效益对应空气总含菌量、改善负离子效益则对应空气负离子浓度。对样本社区各环境因子开展一个周年的完整监测，采用移动监测法，分别于 2014 年 4 月至 2015 年 9 月的春、夏、秋、冬季节，选择晴朗无风（风速≤2m/s）的连续试验日，于午间 12：00～14：00 对各环境因子进行同步监测。

（1）空气温度、空气相对湿度、空气负离子含量和空气总悬浮颗粒物含量的监测方法为：在各样本社区的每个监测样点的中心及东西南北方向上距中心 5m 处分别设置测量点 5 处，在距地面 70～100cm 高度处分别利用相应的仪器设备重复测定各环境因子，每个测量点上重复测量 3 次，取均值代表各环境因子的平均水平。其中，各环境因子相应的监测设备如下：

环境空气温度：采用 TES 1634 温湿度检测仪分别重复记录抽样社区内监测样点（sp）及社区外城市环境对照样点（ck）的空气温度（℃）。

空气相对湿度：采用 TES 1634 温湿度检测仪分别重复记录抽样社区内监测样点（sp）及社区外城市环境对照样点（ck）的空气相对湿度（％）。

空气总悬浮颗粒物含量：采用 LD-5 多功能微电脑激光粉尘仪分别重复记录抽样社区内监测样点（sp）及社区外城市环境对照样点（ck）的粉尘含量（mg/m³）。

环境声级：利用 AWA6228 型多功能声级计同时重复测定抽样社区内监测样

点（sp）及社区外城市环境对照样点（ck）的环境声级（dB）。

空气负离子浓度：采用 DLY-4G 空气负离子检测仪分别重复记录抽样社区内监测样点（sp）及社区外城市环境对照样点（ck）的空气负离子浓度含量（ions⁻/cm³）。

（2）空气总含菌量的测定需要经过采样—培养—计数—计算的步骤，空气细菌采用牛肉膏蛋白胨琼脂培养基，空气真菌采用沙氏培养基，在各样本社区的每个监测样点的中心位置，在距地面 70～100cm 高度处利用 JWL-ⅡC 新型固体撞击式多功能空气微生物检测仪进行采样，每个培养皿采样时长 2min，流量为 20L。

空气微生物采样后须立即密封带回实验室，经 37℃恒温培养箱培养 2 日后，统一进行菌落计数，通过计算得到空气含菌量，见式（9-1）。

$$菌落形成单位（CFU/m³）= 平皿平均菌落数（N）\times 1000 / 流量（升/分）$$
$$\times 采样时间（分） \qquad (9\text{-}1)$$

### 9.5.2.3　样本社区生态效益数据处理

（1）生态效益强度计算

根据测得的各项实测数据，对各单项生态效益指标的数据进行相应处理，用群落与对照样点的差值代表各个生态效益指标的强度。

$$降温强度（℃）= 社区内样点温度平均值 - 对照样点温度平均值 \qquad (9\text{-}2)$$

$$增湿强度（\%）= 社区内样点相对湿度平均值 - 对照样点相对湿度平均值$$
$$(9\text{-}3)$$

$$滞尘强度（mg/m³）= 对照样点粉尘含量平均值 - 社区内样点粉尘含量平均值$$
$$(9\text{-}4)$$

$$降噪强度（dB）= 对照样点环境声级平均值 - 社区内样点环境声级平均值$$
$$(9\text{-}5)$$

$$除菌强度（CFU/m³）= 对照样点总含菌量平均值 - 社区内样点总含菌量平均值$$
$$(9\text{-}6)$$

$$改善负离子强度（ions⁻/cm³）= 社区内样点空气负离子浓度平均值$$
$$- 对照样点空气负离子浓度平均值 \qquad (9\text{-}7)$$

（2）数据标准化处理

由于不同单项生态效益指标与不同绿化指标具有不同的单位和量纲，因此对此类指标数据关联建立分析时须进行标准化处理，参照模糊数学中查德目标绝对优属度公式：

特征值越大越优，则

$$c_i = \frac{c_i - \min c_i}{\max c_i - \min c_i} \qquad (9\text{-}8)$$

特征值越小越优，则

$$c_i = \frac{\max c_i - c_i}{\max c_i - \min c_i} \qquad (9\text{-}9)$$

其中，$\max c_i$，$\min c_i$ 为指标 $i$ 的上确界和下确界；$c_i$ 为指标 $i$ 的特征值。

根据本项目实际监测调研和反馈数据分析，结合经验值，分别确定各个指标的 max 和 min 值。其中生态效益指标的数据来源于项目实际周年监测。绿化效益指标的数据为朝阳区 2011 年绿化普查结果（由朝阳区城市管理监督指挥中心提供），由研究者结合 google earth 航拍照片采用 Autocad 软件进行校对和补充。

生态效益指标：

| | | |
|---|---|---|
| 降温效益 | max＝3.80 | min＝0.5 |
| 增湿效益 | max＝4.60 | min＝0.70 |
| 滞尘效益 | max＝0.095 | min＝0.025 |
| 降噪效益 | max＝14.60 | min＝5.00 |
| 抑菌效益 | max＝396.85 | min＝－408.80 |
| 改善负离子效益 | max＝171.00 | min＝42.65 |

绿化指标：

| | | |
|---|---|---|
| 绿化率 | max＝0.20 | min＝0 |
| 绿化覆盖率 | max＝0.315 | min＝0 |
| 垂直绿化率 | max＝0.0105 | min＝0 |
| 地均三维绿量 | max＝0.60 | min＝0 |
| 地均植物量 | max＝0.027 | min＝0 |

（3）生态效益得分转化

生态效益指标强度数据经过相应的标准化处理后，可得到去掉不同单位的标准化数据，我们将各标准化数据扩大 100 倍得到的百分制数值视为各单项生态效益指标的标准化得分。

（4）指标权重确定

采用德尔斐（Delphi）专家调查法以及 AHP 层次分析法（张波，1998；高宏和应援明，1996）确定社区绿化生态效益指标体系中的各单项指标所占权重。

（5）估算方程构建

利用 SPSS19.0 软件对生态效益指标得分与绿化指标的标准化数据进行多元线性回归分析，得到各生态效益单项指标的估算方程，如下式：

$$Y_i = (a + bX_1 + cX_2 + dX_3 + \cdots + zX_j) \times 100 \tag{9-10}$$

式中，$Y_i$ 为单项生态效益指标得分；$X_1$，$X_2$，$X_3$，$\cdots$，$X_j$ 为选定的绿化基础指标标准化数据；$a$ 为常数；$b$，$c$，$d$，$\cdots$，$z$ 为各绿化基础指标所对应的系数

（6）综合生态效益计算

各单项生态效益指标的百分制得分，按照其在整个指标体系中占有权重的大小，运用加权平均的公式进行最后处理，按照公式（9-11）得到每个社区的综合生态效益得分。

$$Y = AY_1 + BY_2 + CY_3 + DY_4 + EY_5 + FY_6 \qquad (9\text{-}11)$$

式中，$Y$ 为综合生态效益；$Y_1$ 为降温效益；$Y_2$ 为增湿效益；$Y_3$ 为滞尘效益；$Y_4$ 为降噪效益；$Y_5$ 为抑菌效益；$Y_6$ 为改善负离子效益；$A$，$B$，$C$，$D$，$E$，$F$ 为各指标所对应的权重系数。

所有数据使用 Microsoft Office Excel 2007 进行基础整理分析。

### 9.5.3　样本社区绿化生态效益强度比较结果

在 2013 年 7 月～2014 年 9 月的周年监测中，11 个样本社区的绿化生态效益强度结果如下：

（1）降温强度

如图 9-5 所示，11 个样本社区的绿化年均降温强度范围为 0.63～3.75℃，均值为 1.91℃。其中，和平家园社区绿化年均降温强度约为 3.75℃，为样本社区中的最大值，武圣东里社区次之，为 3.27℃。而最差的翠城雅园社区仅为 0.63℃。社区绿化年均降温效益强度呈现和平家园＞武圣东里＞水碓子＞秀雅＞莲葩园＞顺源里＞望京花园＞花家地南里＞青年城＞百子湾东里＞翠城雅园。

总体上看，和平家园社区、武圣东里社区和水碓子社区绿化降温效益表现较优；秀雅社区、莲葩园社区、顺源里社区和望京花园社区绿化降温效益中等；花家地南里社区、青年城社区、百子湾东里社区和翠城雅园社区绿化降温效益较差。

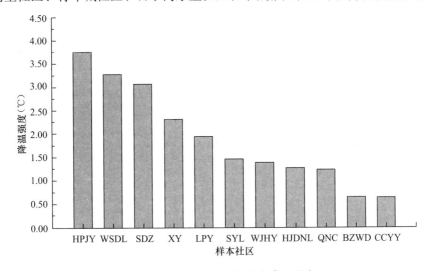

图 9-5　各样本社区绿化年均降温强度

注：HPJY 为和平家园社区，WSDL 为武圣东里社区，SDZ 为水碓子社区，XY 为秀雅社区，LPY 为莲葩园社区，SYL 为顺源里社区，WJHY 为望京花园社区，HJDNL 为花家地南里社区，QNC 为青年城社区，BZWD 为百子湾东里社区，CCYY 为翠城雅园社区。余同。

（2）增湿强度

如图 9-6 所示，11 个样本社区的绿化年均增湿强度范围为 0.79％～4.57％，均值为 2.70%。和平家园社区绿化年均增湿效益强度约为 4.57%，为样本社区中的最大值，武圣东里社区次之，为 4.51%。而最差的翠城雅园社区仅为 0.79%。社区绿化年均增湿效益强度呈现和平家园＞武圣东里＞水碓子＞秀雅＞顺源里＞望京花园＞莲葩园＞百子湾东里＞青年城＞花家地南里＞翠城雅园。

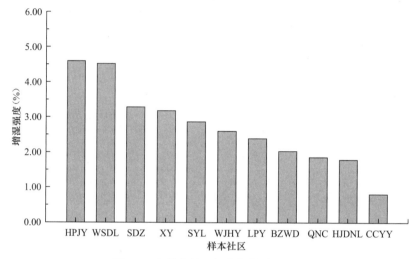

图 9-6　各样本社区绿化年均增湿强度

总体上看，和平家园社区、武圣东里社区和水碓子社区绿化增湿效益表现较优；秀雅社区、顺源里社区、望京花园社区和莲葩园社区绿化增湿效益中等；百子湾东里社区、青年城社区、花家地南里社区和翠城雅园社区绿化增湿效益较差。

（3）滞尘强度

如图 9-7 所示，11 个样本社区的绿化年均滞尘强度范围在 $0.029 \sim 0.094 mg/m^3$ 之

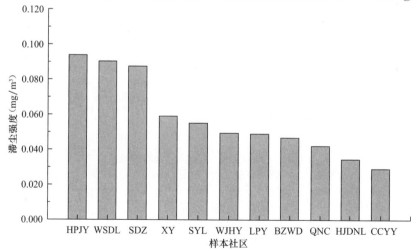

图 9-7　各样本社区绿化年均滞尘强度

间，均值为 0.058mg/m³。和平家园社区绿化年均滞尘效益强度约为 0.094mg/m³，为样本社区中的最大值，武圣东里次之，为 0.090mg/m³。而最差的翠城雅园社区仅为 0.029mg/m³。社区绿化年均滞尘效益强度呈现和平家园＞武圣东里＞水碓子＞秀雅＞顺源里＞望京花园＞莲葩园＞百子湾东里＞青年城＞花家地南里＞翠城雅园。

总体上看，和平家园社区、武圣东里社区和水碓子社区绿化滞尘效益表现较优；秀雅社区、顺源里社区、望京花园社区和莲葩园社区绿化滞尘效益中等；百子湾东里社区、青年城社区、花家地南里社区和翠城雅园社区绿化滞尘效益较差。

（4）降噪强度

如图 9-8 所示，11 个样本社区的绿化年均降噪强度范围为 5.05～14.58 dB，均值为 10.16 dB。和平家园社区绿化年均降噪效益强度约为 14.58dB，为样本社区中的最大值，秀雅社区次之，为 13.09dB。而最差的翠城雅园社区仅为 5.05dB。社区绿化年均降噪效益强度呈现和平家园＞秀雅＞水碓子＞武圣东里＞青年城＞顺源里＞望京花园＞莲葩园＞百子湾东里＞花家地南里＞翠城雅园。

总体上看，和平家园社区、秀雅社区和水碓子社区绿化降噪效益表现较优；武圣东里社区、青年城社区、顺源里社区和望京花园社区绿化降噪效益中等；莲葩园社区、百子湾东里社区、花家地南里社区和翠城雅园社区绿化降噪效益较差。

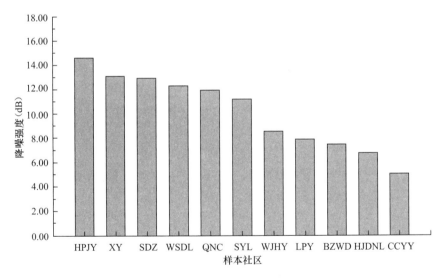

图 9-8　各样本社区绿化年均降噪强度

（5）抑菌强度

将细菌与真菌经加和计算得到微生物总量，进而可计算得到社区绿化年均抑制微生物（总量）效益强度范围在－408.75～395.83CFU/m³ 之间（图 9-9）。水碓子社区绿化年均抑制微生物效益强度约为 395.83CFU/m³，为样本社区中的最大值，和平家园社区次之，为 107.81CFU/m³。而最差的翠城雅园社区甚至并未发挥抑菌效益，相反因为居住区环境生活类垃圾较多容易滋生细菌、真菌，抑菌强度为 $-408.75CFU/m^3$。11 个样本社区的绿化年均抑制微生物（总量）效益强度排序为水碓子＞和平家园＞武圣东里＞莲葩园＞秀雅＞青年城＞顺源里＞望京花园＞花家地南里＞百子湾东里＞翠城雅园。

总体上看，水碓子社区、和平家园社区、武圣东里社区、莲葩园社区和秀雅社区在社区绿化年均抑制微生物效益方面表现出正作用，水碓子社区的表现尤为突出；而青年城社区、顺源里社区、望京花园社区、花家里南里社区、百子湾东里社区和翠城雅园社区在社区绿化抑制微生物效益方面表现出了副作用，尤以花家地南里社区、百子湾东里社区、翠城雅园社区较差。

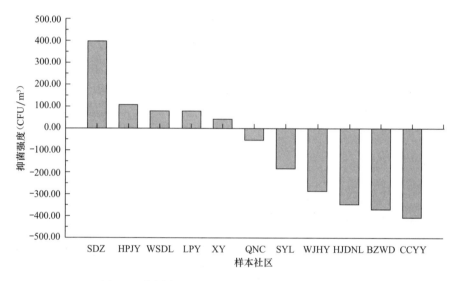

图 9-9　各样本社区绿化年均抑制微生物总量强度

（6）改善负离子强度

如图 9-10 所示，11 个样本社区的绿化年均提高负离子强度范围在 42.708～170.164 ions⁻/cm³ 之间，均值为 108.96ions⁻/cm³。社区绿化年均提高空气负离子效益强度呈现和平家园＞武圣东里＞水碓子＞青年城＞顺源里＞秀雅＞望京花园＞莲葩园＞百子湾东里＞花家地南里＞翠城雅园。和平家园社区的绿化年均提高负离子强度约为 170.164ions⁻/cm³，为样本社区中的最大值，武圣东里次之，为 168.229ions⁻/cm³。而最差的翠城雅园社区仅为 42.708ions⁻/cm³。

总体上看，和平家园社区、武圣东里社区和水碓子社区的社区绿化在改善空气负离子效益方面表现优异；青年城社区、顺源里社区、秀雅社区和望京花园社区的社区绿化改善负离子效益中等；莲葩园社区、百子湾东里社区、花家地南里社区和翠城雅园社区绿化改善负离子效益较差。

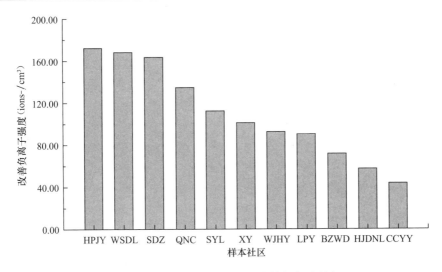

图 9-10 各样本社区绿化年均改善负离子强度

### 9.5.4 社区绿化生态效益评价估算方程构建结果

#### 9.5.4.1 指标权重的确定结果

利用德尔斐（Delphi）专家调查法以及 AHP 层次分析法（张波，1998；高宏和应援明，1996），以前文所述的社区绿化生态效益评价体系为基础建立评价矩阵。确立社区绿化综合生态效益为目标层，各单项生态效益指标为指标层，以供评价的各样本社区为最底层，构建 AHP 法三层递阶层次结构模型。建立模型后成对比较各因子的相对重要性，对两个因子进行比较时采取一个因素与另一个因素同样重要、稍微重要、明显重要、强烈重要、极端重要的分级原则，并相应地赋值。按照此层次结构关系，通过 15 名北京林业大学园林学院教师以及研究生进行专家判断比较，通过数据计算，得到多因子排序结果并进行一致性检验等，最终得到综合生态效益评价指标权重。因考虑到城市管理部门使用的便捷性，将各指标权重均人为化为较整的数。指标权重具体设置如表 9-2 所示：

社区绿化生态效益指标权重的确定结果 表 9-2

| | | 指标权重 | |
| --- | --- | --- | --- |
| 生态效益指标 | 1 | 降温效益 | 0.25 |
| | | 增湿效益 | 0.15 |
| | | 滞尘效益 | 0.25 |
| | | 改善负离子效益 | 0.15 |
| | | 抑菌效益 | 0.1 |
| | | 降噪效益 | 0.1 |

#### 9.5.4.2 评价方程构建结果

绿化指标与生态效益指标间关联性的构建，实现了利用社区基础绿化指标数据间接估算社区绿化生态效益得分。通过得分这一概念将把对于社区居民来说较为难懂的各生态效益指标可视化、普及化。通过相应的计算公式和评价标准，间接获得社区现有绿化水平理论上可达到的生态效益得分，进一步按照经由专家咨询和前期研究确定的各生态效益指标评价权重进行综合生态效益得分评估，以便后续对社区绿化生态效益实现方便快捷的评估与管理。

根据国内外以往大量研究已取得的成果，绿化在特定环境中所发挥的生态效益在排除环境气象因素的干扰外，主要受到环境内整体绿化水平的影响。主要表现在绿地面积、绿地覆盖面积、绿地三维绿量、植物总量与环境种植密度等因子上。朝阳区在进行绿化评价时，已获得的基础绿化指标数据，如绿地面积、绿地覆盖面积、乔灌草三维绿量、植物株数、绿化率、绿地覆盖率和地均三维绿量等，根据其是否具有对绿化生态效益的驱动作用，是否对于社区绿化未来的建设管理具有积极的引导作用等原则，同时充分尊重各社区不同的历史基础条件，遵守所选绿化指标的代表性、指导性和可操作性，选出合适的绿化指标。在预分析中，通过对各单项生态效益指标与不同绿化基础指标进行相关性分析，确定各绿化指标与生态效益指标间的相关关系。

最终，选取绿化率、绿地覆盖率、地均三维绿量和地均植物量（种植密度）作为社区绿化生态效益得分关联性构建的绿化指标。采用实测生态效益标准化得分指标与基础绿化指标的标准化数据构建绿化指标与生态效益得分指标间的数量化关系（表9-3、表9-4），进而得到基于社区绿化指标的社区绿化生态效益得分评价估算方程。

利用spss19.0软件对数据进行多元回归分析，构建确定各单项生态效益指标评价得分的估算方程，结果如下：

$$降温效益: Y_1 = (-0.402X_1 + 0.254X_2 + 0.149X_3 + 0.035X_4 + 0.686X_5 + 0.105) \times 100 \tag{9-12}$$

$$增湿效益: Y_2 = (0.165X_1 - 0.332X_2 + 0.057X_3 - 0.005X_4 + 1.075X_5 + 0.174) \times 100 \tag{9-13}$$

$$滞尘效益: Y_3 = (0.053X_1 - 0.174X_2 + 0.218X_3 + 0.041X_4 + 0.662X_5 + 0.079) \times 100 \tag{9-14}$$

$$降噪效益: Y_4 = (-1.195X_1 + 2.231X_2 - 0.009X_3 + 0.041X_4 - 0.852X_5 + 0.355) \times 100 \tag{9-15}$$

$$抑菌效益: Y_5 = (-1.267X_1 + 1.689X_2 + 0.266X_3 + 0.048X_4 - 0.544X_5 + 0.259) \times 100 \tag{9-16}$$

$$改善负离子效益: Y_6 = (-1.177X_1 + 0.340X_2 + 0.172X_3 + 0.051X_4 - 0.018X_5 + 0.320) \times 100 \tag{9-17}$$

式中，$X_1$——绿化率标准化值；$X_2$——绿化覆盖率标准化值；$X_3$——垂直绿化率标准化值；$X_4$——地均三维绿量标准化值；$X_5$——地均植物量标准化值。

表 9-3

**生态效益指标的标准化数据**

| 社区名称 | 降温强度（℃） | 降温效益标准化得分 | 增湿强度（%） | 增湿效益标准化得分 | 滞尘强度（mg/m³） | 滞尘效益标准化得分 | 降噪强度（dB） | 降噪效益标准化得分 | 抑菌强度（CFU/m³） | 抑菌效益标准化得分 | 改善负离子强度（ions/cm³） | 改善负离子效益标准化得分 |
|---|---|---|---|---|---|---|---|---|---|---|---|---|
| 望京花园 | 1.3825 | 24.042 | 2.579375 | 47.338 | 0.049667 | 31.313 | 8.596875 | 37.245 | −289.243 | 14.855 | 91.66667 | 38.184 |
| 花家地南里 | 1.2675 | 20.367 | 1.775 | 26.058 | 0.034611 | 8.502 | 6.783333 | 18.255 | −345.313 | 7.886 | 56.77083 | 10.972 |
| 秀雅 | 2.3125 | 53.754 | 3.163542 | 62.792 | 0.059167 | 45.707 | 13.08516 | 84.243 | 43.8125 | 56.249 | 100.5208 | 45.088 |
| 和平家园 | 3.75 | 99.681 | 4.56875 | 99.967 | 0.094111 | 98.653 | 14.58125 | 99.908 | 107.8125 | 64.203 | 170.9375 | 99.998 |
| 百子湾东里 | 0.635 | 0.160 | 2.007292 | 32.204 | 0.046917 | 27.147 | 7.464583 | 25.388 | −369.078 | 4.932 | 70.83333 | 21.938 |
| 莲葩园 | 1.94 | 41.853 | 2.373958 | 41.904 | 0.049 | 30.303 | 7.897396 | 29.920 | 75.5625 | 60.195 | 89.53125 | 36.518 |
| 青年城 | 1.235 | 19.329 | 1.845938 | 27.935 | 0.042239 | 20.059 | 11.9276 | 72.122 | −54.95 | 43.974 | 134.0625 | 71.243 |
| 水碓子 | 3.0675 | 77.875 | 3.265833 | 65.498 | 0.087503 | 88.641 | 12.91255 | 82.435 | 395.825 | 99.999 | 162.5 | 93.419 |
| 顺源里 | 1.4625 | 26.597 | 2.845833 | 54.387 | 0.055222 | 39.731 | 11.16719 | 64.159 | −182.188 | 28.160 | 111.4583 | 53.617 |
| 翠城雅园 | 0.6325 | 0.080 | 0.791667 | 0.044 | 0.029361 | 0.547 | 5.046795 | 0.071 | −408.75 | 0.001 | 42.70833 | 0.007 |
| 武圣东里 | 3.2725 | 84.425 | 4.508542 | 98.374 | 0.090472 | 93.140 | 12.30728 | 76.097 | 77.70833 | 60.462 | 167.5521 | 97.358 |

表 9-4

**所选取绿化指标的标准化数据**

| 社区名称 | 绿化率 | 绿化率标准化 | 绿化覆盖率 | 绿化覆盖率标准化 | 垂直绿化率 | 垂直绿化率标准化 | 地均三维绿量 | 地均三维绿量标准化 | 地均植物量 | 地均植物量标准化 |
|---|---|---|---|---|---|---|---|---|---|---|
| 望京花园 | 0.0703 | 0.3515 | 0.0703 | 0.223175 | 0.0076 | 0.72381 | 0.0063 | 0.105 | 0.0059 | 0.218519 |
| 花家地南里 | 0.0408 | 0.204 | 0.066 | 0.209524 | 0.0024 | 0.228571 | 0.0548 | 0.913333 | 0.0052 | 0.192593 |
| 秀雅 | 0.1919 | 0.9595 | 0.2537 | 0.805397 | 0.0052 | 0.495238 | 0.1298 | 2.163333 | 0.0128 | 0.474074 |
| 和平家园 | 0.1884 | 0.942 | 0.3111 | 0.987619 | 0.0017 | 0.161905 | 0.5859 | 9.765 | 0.0265 | 0.981481 |
| 百子湾东里 | 0.1154 | 0.577 | 0.1154 | 0.366349 | 0.0012 | 0.114286 | 0.0009 | 0.015 | 0.0038 | 0.140741 |
| 莲葩园 | 0.0626 | 0.313 | 0.1129 | 0.358413 | 0.0003 | 0.028571 | 0.3253 | 0.542167 | 0.0039 | 0.144444 |
| 青年城 | 0.0023 | 0.0115 | 0.0023 | 0.007302 | 0 | 0 | 0.4332 | 0.722 | 0.0001 | 0.003704 |
| 水碓子 | 0.1472 | 0.736 | 0.224 | 0.711111 | 0.0104 | 0.990476 | 0.3235 | 5.391667 | 0.0139 | 0.514815 |
| 顺源里 | 0.075 | 0.375 | 0.1203 | 0.381905 | 0.0041 | 0.390476 | 0.1518 | 2.53 | 0.0081 | 0.3 |
| 翠城雅园 | 0.0378 | 0.189 | 0.0378 | 0.12 | 0.0026 | 0.247619 | 0.0003 | 0.005 | 0.0019 | 0.07037 |
| 武圣东里 | 0.1527 | 0.7635 | 0.2744 | 0.871111 | 0.0058 | 0.552381 | 0.2768 | 4.613333 | 0.0247 | 0.914815 |

### 9.5.4.3 综合生态效益计算公式

对各个标准化处理后的指标数据，采用扩大 100 倍的处理方式将其转化为各单项生态效益指标的百分制得分，按照其在整个指标体系中占有权重的大小，运用加权平均公式进行最后处理，按式（9-18）计算每个社区最终得分，再按得分进行降序排列，即可获得所有社区综合生态效益得分排序，完成评价。

综合生态效益：$Y = 0.25Y_1 + 0.15Y_2 + 0.25Y_3 + 0.1Y_4 + 0.1Y_5 + 0.15Y_6$

$$(9-18)$$

式中，$Y_1$ 为降温效益；$Y_2$ 为增湿效益；$Y_3$ 为滞尘效益；$Y_4$ 为降噪效益；$Y_5$ 为抑菌效益；$Y_6$ 为改善负离子效益。

## 9.6 社区绿化生态效益评级标准设计

社区绿化生态效益越大越优是制定社区绿化生态效益评价标准的基本指导思想。根据评估公式计算得到社区绿化降温效益、增湿效益、滞尘效益、降噪效益、抑菌效益、改善负离子效益的理论标准化评估值，便于统一使用和评价，形成完整的社区绿化单项生态效益指标评价标准，以对应各单项生态效益相应的得分区段。在此，我们规定得分采取"上不封顶"制度，鼓励社区不断加强绿化管理，同时，以此来降低估算公式的误差范围。根据评价体系权重，计算得到综合生态效益评估值，对应相应的级别区段。评级以越高越优为原则，以便监管部门利用其对社区绿化进行管理和评价，具体标准设计见表 9-5。

生态效益评级标准设计
表 9-5

| 生态效益指标 | | | 评级 |
|---|---|---|---|
| 降温效益 | A | 降温效益强度优秀，年均降温强度估值达到 80 分以上 | 1 级 |
| | B | 降温效益强度中等，年均降温强度估值达到 50～80 分之间 | 2 级 |
| | C | 降温效益强度较弱，年均降温强度估值达到 20～50 分之间 | 3 级 |
| | D | 降温效益强度差，年均降温强度估值达到 20 分以下 | 4 级 |
| 增湿效益 | A | 增湿效益强度优秀，年均增湿强度达到 80 分以上 | 1 级 |
| | B | 增湿效益强度中等，年均增湿强度估值达到 50～80 分之间 | 2 级 |
| | C | 增湿效益强度较弱，年均增湿强度估值达到 20～50 分之间 | 3 级 |
| | D | 增湿效益强度差，年均增湿强度估值达到 20 分以下 | 4 级 |
| 滞尘效益 | A | 滞尘效益强度优秀，年均滞尘强度估值达到 80 分以上 | 1 级 |
| | B | 滞尘效益强度中等，年均滞尘强度估值达到 50～80 分之间 | 2 级 |
| | C | 滞尘效益强度较弱，年均滞尘强度估值达到 20～50 分之间 | 3 级 |
| | D | 滞尘效益强度差，年均滞尘强度估值达到 20 分以下 | 4 级 |

续表

| | 生态效益指标 | | 评级 |
|---|---|---|---|
| 降噪效益 | A | 滞尘效益强度优秀，年均滞尘强度估值达到 80 分以上 | 1 级 |
| | B | 滞尘效益强度中等，年均滞尘强度估值达到 50～80 分之间 | 2 级 |
| | C | 滞尘效益强度较弱，年均滞尘强度估值达到 20～50 分之间 | 3 级 |
| | D | 滞尘效益强度差，年均滞尘强度估值达到 20 分以下 | 4 级 |
| 抑菌效益 | A | 抑菌效益强度优秀，年均抑菌强度估值达到 80 分以上 | 1 级 |
| | B | 抑菌效益强度中等，年均抑菌强度估值达到 50～80 分之间 | 2 级 |
| | C | 抑菌效益强度较弱，年均抑菌强度估值达到 20～50 分之间 | 3 级 |
| | D | 抑菌效益强度差，年均抑菌强度估值达到 20 分以下 | 4 级 |
| 改善负离子效益 | A | 改善负离子效益强度优秀，年均提高负离子强度估值达到 80 分以上 | 1 级 |
| | B | 改善负离子效益强度中等，年均提高负离子强度估值达到 50～80 分之间 | 2 级 |
| | C | 改善负离子效益强度较弱，年均提高负离子强度估值达到 20～50 分之间 | 3 级 |
| | D | 改善负离子效益强度差，年均提高负离子强度估值达到 20 分以下 | 4 级 |
| 综合生态效益 | A | 综合生态效益水平优秀，得分达到 85 分以上 | 1 级 |
| | B | 综合生态效益水平良好，得分达到 65～85 分之间 | 2 级 |
| | C | 综合生态效益水平中等，得分达到 35～65 分之间 | 3 级 |
| | D | 综合生态效益水平一般，得分达到 15～35 分之间 | 4 级 |
| | E | 抑菌效益强度较差，年均抑菌强度达到 15 分以下 | 5 级 |

## 9.7　社区绿化生态效益估算方程可靠性验证

为了验证社区绿化生态效益估算公式的可靠性，将 11 个朝阳区样本社区的基础绿化指标数据带入各单项生态效益指标估算公式且不做 100 倍扩大处理，可以得到一个标准化估值。将各社区标准化估值的大小及变化趋势与项目实际周年监测得到的实测数据标准化值（简称标准化测值）进行比较，如果其值域范围及变化趋势与标准化测值具有一定的一致性，那么可基本认为估算公式可应用于社区绿化生态效益评价的相对排名，并具有一定的可靠性。

表 9-6 为 11 个样本社区 6 个生态效益单项指标各自的实际标准化测值与经带入计算得到的标准化估值。

如图 9-11 所示，可以发现，由估算方程算得的生态效益得分与经由实测数据处理得到的生态效益得分的社区排序趋势在降温效益、增湿效益、滞尘效益中的重叠程度较高；在降噪效益、抑菌效益和改善负离子效益中总体趋势基本一致。个别社区数据出现波动，这种现象出现的原因主要是在实测调查的过程中，我们发现存在个别样本社区的基础绿化数据实测值与朝阳区基础数据库提供的数据存在较大出入，这是导致曲线波动的主要原因，未来伴随朝阳区社区绿化基础数据库的不断更新，此误差有望得到更好的控制。另外，降噪效益、抑菌效益与

表 9-6

## 样本社区生态效益单项指标的标准化测值得分与估值得分

| 社区名称 | 降温效益 | | 增湿效益 | | 潜尘效益 | | 降噪效益 | | 抑菌效益 | | 改善负离子效益 | |
|---|---|---|---|---|---|---|---|---|---|---|---|---|
| | 测值得分 | 估值得分 | 测值得分 | 估值得分 | 测值得分 | 估值得分 | 测值得分 | 估值得分 | 测值得分 | 估值得分 | 测值得分 | 估值得分 |
| 望京花园 | 24.0415 | 21.6254 | 47.338 | 43.3543 | 31.3131 | 36.5552 | 37.2448 | 24.4473 | 14.8545 | 26.9291 | 38.1836 | 33.1255 |
| 花家地南里 | 20.3674 | 21.6576 | 26.0582 | 35.3597 | 8.5017 | 26.8126 | 18.2548 | 44.9968 | 7.8857 | 35.4287 | 10.9723 | 44.3082 |
| 秀雅 | 53.754 | 25.6352 | 62.7921 | 59.1967 | 45.7071 | 50.021 | 84.2425 | 68.5566 | 56.2488 | 38.1306 | 45.088 | 45.6878 |
| 和平家园 | 99.6805 | 72.1922 | 99.9669 | 101.7037 | 98.6532 | 104.2481 | 99.9084 | 99.5374 | 64.2032 | 71.1435 | 99.9981 | 104.2871 |
| 百子湾东里 | 0.1597 | 3.7978 | 32.2035 | 30.5313 | 27.1465 | 16.4536 | 25.3883 | 36.2485 | 4.932 | 10.1262 | 21.938 | 14.9668 |
| 莲葩园 | 41.853 | 16.5013 | 41.9037 | 33.0906 | 30.303 | 18.0851 | 29.9204 | 23.1676 | 60.1949 | 18.8022 | 36.5184 | 32.2314 |
| 青年城 | 19.3291 | 10.3661 | 27.9349 | 17.7455 | 20.0589 | 8.0791 | 72.1215 | 35.4392 | 43.9739 | 25.4747 | 71.2434 | 31.6182 |
| 水碓子 | 77.8754 | 52.4758 | 65.4982 | 64.2276 | 88.6406 | 77.2064 | 82.4351 | 83.5491 | 99.9994 | 76.9762 | 93.4186 | 84.2687 |
| 顺源里 | 26.5974 | 31.3785 | 54.3871 | 44.119 | 39.7306 | 41.9877 | 64.159 | 60.352 | 28.16 | 49.1019 | 53.6169 | 58.1169 |
| 翠城雅园 | 0.0799 | 12.3735 | 0.0441 | 25.5082 | 0.5471 | 16.8908 | 0.0712 | 33.4886 | 0.00124 | 25.0042 | 0.0065 | 29.9926 |
| 武圣东里 | 84.4249 | 61.6225 | 98.3741 | 100.2614 | 93.1397 | 88.3065 | 76.0972 | 79.0819 | 60.4616 | 63.3666 | 97.3581 | 90.2472 |

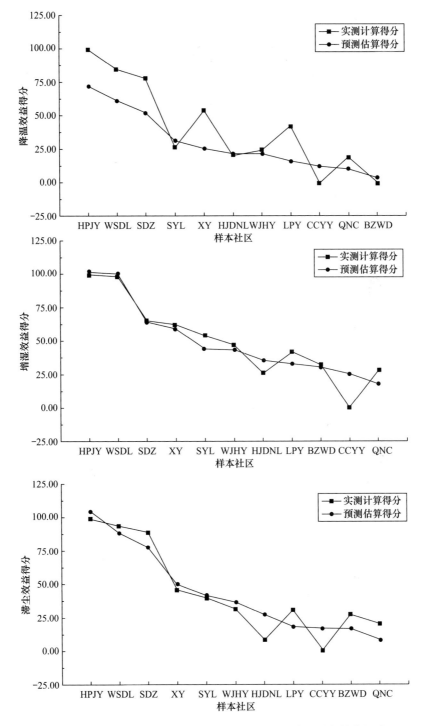

图 9-11  样本社区生态效益单项指标的标准化测值得分与估值得分

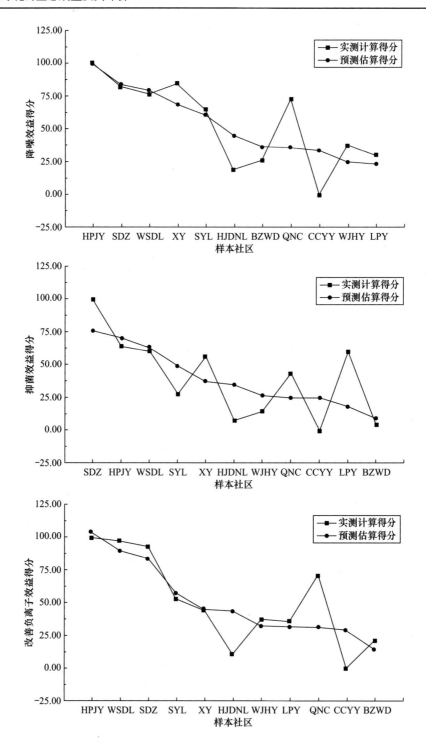

图 9-11  样本社区生态效益单项指标的标准化测值得分与估值得分（续图）

改善负离子效益三个指标相较其他生态效益指标受到环境影响的机制更为复杂，社区范围内的人流活动量、生活垃圾处理方式、卫生状况等均会对更为敏感的实测值产生影响，因此估值曲线出现波动是正常现象。

　　综上，经过曲线值域与变化趋势的检验，我们初步认为，基于特定的绿化指标经过参数运算，在一定程度上可以用来反应社区绿化的各单项生态效益得分水平。

## 9.8　朝阳区 11 个样本社区绿化生态效益评价示范

### 9.8.1　样本社区绿化生态效益得分的估算情况

　　依据上述所得到的社区绿化生态效益估算公式，对朝阳区被试的 11 个样本社区进行带入数据运算，据此可以得到各社区的各单项生态效益指标与综合生态效益得分，见表 9-7。

样本社区的单项生态效益指标与综合生态效益得分　　　　表 9-7

| 社区名称 | 降温效益得分 | 增湿效益得分 | 滞尘效益得分 | 降噪效益得分 | 抑菌效益得分 | 改善负离子效益得分 | 综合效益得分 |
|---|---|---|---|---|---|---|---|
| 望京花园 | 21.63 | 43.35 | 36.56 | 24.45 | 26.93 | 33.13 | 31.15 |
| 花家地南里 | 21.66 | 35.36 | 26.81 | 45.00 | 35.43 | 44.31 | 32.11 |
| 秀雅 | 25.64 | 59.20 | 50.02 | 68.56 | 38.13 | 45.69 | 45.32 |
| 和平家园 | 72.19 | 101.70 | 104.25 | 99.54 | 71.14 | 104.29 | 92.08 |
| 百子湾东里 | 3.80 | 30.53 | 16.45 | 36.25 | 10.13 | 14.97 | 16.53 |
| 莲葩园 | 16.50 | 33.09 | 18.09 | 23.17 | 18.80 | 32.23 | 22.64 |
| 青年城 | 10.37 | 17.75 | 8.08 | 35.44 | 25.47 | 31.62 | 18.11 |
| 水碓子 | 52.48 | 64.23 | 77.21 | 83.55 | 76.98 | 84.27 | 70.75 |
| 顺源里 | 31.38 | 44.12 | 41.99 | 60.35 | 49.10 | 58.12 | 44.62 |
| 翠城雅园 | 12.37 | 25.51 | 16.89 | 33.49 | 25.00 | 29.99 | 21.49 |
| 武圣东里 | 61.62 | 100.26 | 88.31 | 79.08 | 63.37 | 90.25 | 80.30 |

　　（1）降温效益得分

　　如图 9-12 所示，11 个样本社区的绿化平均年均降温效益得分为 29.97 分。和平家园社区的绿化年均降温效益得分达到 72.79 分，为样本社区中的最高分，武圣东里社区次之，为 61.62 分。而最差的百子湾东里社区仅为 3.80 分。50 分以上的社区为和平家园社区、武圣东里社区和水碓子社区，20～50 分的社区为顺源里社区、秀雅社区、望京花园社区和花家地南里社区，而 20 分以下的社区有莲葩园社区、青年城社区、百子湾东里社区和翠城雅园社区。

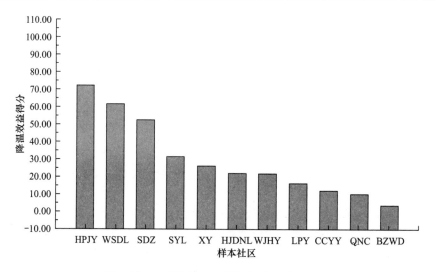

图 9-12　各样本社区绿化年均降温效益得分

（2）增湿效益得分

如图 9-13 所示，11 个样本社区的绿化平均年均增湿效益得分为 50.46 分。和平家园社区的绿化年均增湿效益得分达到 101.70 分，为样本社区中的最高分，武圣东里次之，为 100.26 分，而最差的青年城社区仅为 17.75 分。80 分以上的社区为和平家园社区与武圣东里社区，50～80 分的社区为水碓子社区和秀雅社区，20～50 分的社区为顺源里社区、望京花园社区、花家地南里社区、莲葩园社区、百子湾东里社区和翠城雅园社区，而 20 分以下的社区为青年城社区。

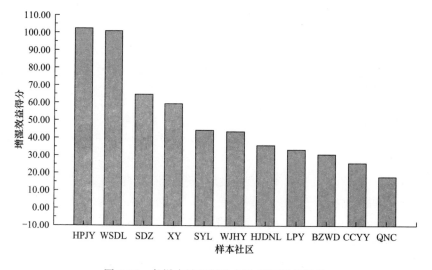

图 9-13　各样本社区绿化年均增湿效益得分

（3）滞尘效益得分

如图 9-14 所示，11 个样本社区的绿化平均年均滞尘效益得分为 44.06 分。和平家园社区的绿化年均滞尘效益得分达到 104.25 分，为样本社区中的最高分，武圣东里社区次之，为 88.31 分，而最差的青年城社区仅为 8.08 分。80分以上的社区为和平家园社区和武圣东里社区，50～80 分的社区为水碓子社区和秀雅社区，20～50 分的为顺源里社区、望京花园社区、花家地南里社区，而 20 分以下的社区为莲葩园社区、翠城雅园社区、百子湾东里社区和青年城社区。

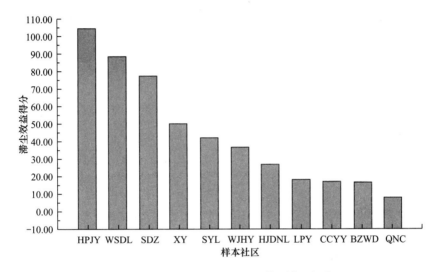

图 9-14　各样本社区绿化年均滞尘效益得分

（4）降噪效益得分

如图 9-15 所示，11 个样本社区的绿化平均年均降噪效益得分为 53.53 分。和平家园社区的绿化年均降噪效益得分达到 99.54 分，为样本社区中的最高分，水碓子社区次之 83.55 分，武圣东里社区第三为 79.08 分，而最差的莲葩园社区仅为 23.17 分。80 分以上社区为和平家园社区和水碓子社区，50～80 分的社区为武圣东里社区、秀雅社区和顺源里社区，20～50 分的社区为花家地南里社区、百子湾东里社区、青年城社区、翠城雅园社区、望京花园社区和莲葩园社区。

（5）抑菌效益得分

如图 9-16 所示，11 个样本社区的绿化平均年均抑菌效益得分为 40.04 分。水碓子社区的绿化年均抑菌效益得分达到 76.98 分，为样本社区中的最高分，和平家园社区次之，为 71.14 分。50 分以上社区为和平家园社区、武圣东里社区和水碓子社区，20～50 分的社区为顺源里社区、秀园社区、花家地南里社区、

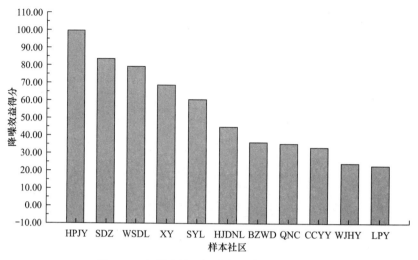

图 9-15　各样本社区绿化年均降噪效益得分

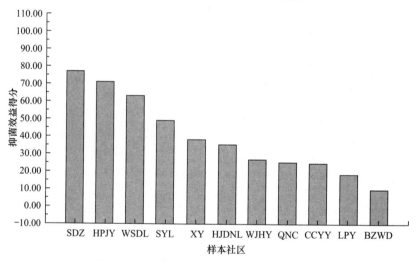

图 9-16　各样本社区绿化年均抑菌效益得分

望京花园社区、青年城社区和翠城雅园社区，而 20 分以下的社区有莲葩园社区和百子湾东里社区。

（6）改善负离子效益得分

如图 9-17 所示，11 个样本社区的绿化平均年均改善负离子效益得分为 51.71 分。和平家园社区的绿化年均增湿效益得分达到 104.29 分（上不封顶制），为样本社区中的最高分，武圣东里社区次之 90.25 分，水碓子社区第三 84.27 分。80 分以上的社区有和平家园社区、武圣东里社区和水碓子社区，50～80 分的社区仅有顺源里社区，20～50 分的社区有秀雅社区、花家地南里社区、望京花园社区、莲葩园社区、青年城社区和翠城雅园社区，而 20 分以下的社区为百子湾东里社区。

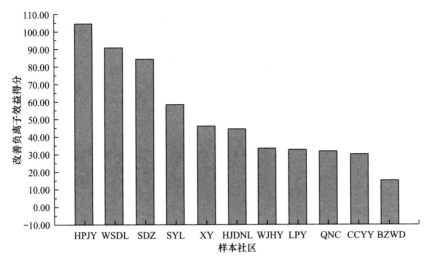

图 9-17　各样本社区绿化年均增负效益得分

（7）综合生态效益得分

如图 9-18 所示，11 个样本社区的绿化平均年均综合生态效益得分为 43.19 分。和平家园社区的绿化年均综合生态效益得分达到 92.08 分，为样本社区中的最高分，武圣东里社区次之 80.30 分，水碓子社区第三 70.75 分。百子湾东里社区最低，仅有 16.53 分。11 个样本社区的绿化年均综合生态效益排序为：和平家园＞武圣东里＞水碓子＞秀雅＞顺源里＞花家地南里＞望京花园＞莲葩园＞翠城雅园＞青年城＞百子湾东里。

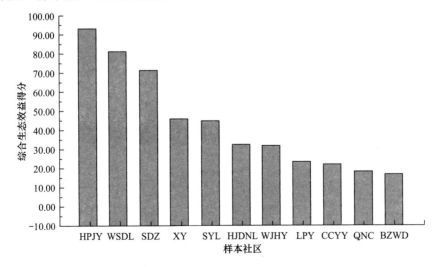

图 9-18　各样本社区绿化年均综合生态效益得分

85 分以上的社区仅 1 个，为和平家园社区；65～85 分的社区 2 个，为武圣东里社区和水碓子社区；35～65 分的社区 2 个，为秀雅社区和顺源里社区；15～35 分的社区有 6 个，分别为花家地南里社区、望京花园社区、莲葩园、翠城雅园社区、青年城社区和百子湾东里社区。

### 9.8.2 样本社区绿化生态效益得分的评级情况

各单项生态效益指标评分等级与综合生态效益评分等级见表 9-8。在绿化综合生态效益方面，11 个样本社区当中，综合生态效益处于 1 级水平的一个，为和平家园社区；2 级水平的 2 个，为水碓子社区和武圣东里社区；3 级水平的 2 个，为秀雅社区和顺源里社区；4 级水平的 6 个，为望京花园社区、花家地南里社区、百子湾东里社区、莲葩园社区、青年城社区和翠城雅园社区。

**样本社区的单项生态效益与综合效益评级**　　　　表 9-8

| 社区名称 | 降温效益评级 | 增湿效益评级 | 滞尘效益评级 | 降噪效益评级 | 抑菌效益评级 | 改善负离子效益评级 | 综合效益评级 |
|---|---|---|---|---|---|---|---|
| 望京花园 | 3 级 | 3 级 | 3 级 | 3 级 | 3 级 | 3 级 | 4 级 |
| 花家地南里 | 3 级 | 3 级 | 3 级 | 3 级 | 3 级 | 3 级 | 4 级 |
| 秀雅 | 3 级 | 2 级 | 2 级 | 2 级 | 3 级 | 3 级 | 3 级 |
| 和平家园 | 2 级 | 1 级 | 1 级 | 1 级 | 2 级 | 1 级 | 1 级 |
| 百子湾东里 | 4 级 | 3 级 | 4 级 | 3 级 | 4 级 | 4 级 | 4 级 |
| 莲葩园 | 4 级 | 3 级 | 4 级 | 3 级 | 4 级 | 3 级 | 4 级 |
| 青年城 | 4 级 | 4 级 | 4 级 | 3 级 | 3 级 | 3 级 | 4 级 |
| 水碓子 | 2 级 | 2 级 | 2 级 | 1 级 | 2 级 | 1 级 | 2 级 |
| 顺源里 | 3 级 | 3 级 | 3 级 | 3 级 | 3 级 | 2 级 | 3 级 |
| 翠城雅园 | 4 级 | 3 级 | 4 级 | 3 级 | 3 级 | 3 级 | 4 级 |
| 武圣东里 | 3 级 | 1 级 | 1 级 | 2 级 | 2 级 | 1 级 | 2 级 |

## 9.9　朝阳区社区绿化生态效益评价结语

总体上讲，朝阳区社区绿化生态效益评价工作是在确立了要做基于实地监测研究的估算评价模式这一思路后，严格遵照科学的研究方法，在朝阳区范围内抽取样本社区，经过数据分析与验证最终建立了各单项生态效益指标的估算方程，在确定各指标的权重后得到综合生态效益估算方程。同时，本研究结合了社区绿化生态效益评价标准的制定，是标准化、数量化和细微化管理的集中体现，整个体系系统且完整。

根据上文所述的生态效益得分与等级评价方法，可以实现对于朝阳区所有社区的生态效益得分评价与评级。未来应定期开展相应的生态效益实测工作，用以动态调整生态效益估算方程的准确性，使评价工作更为科研严谨、公平公正。

# 第 10 章　北京市朝阳区社区绿化生态效益评价的意义及展望

社区绿化生态效益评价作为社区绿化数量化管理工作的重要环节之一，其开发与应用是大数据时代背景下，城市管理领域的一次探索与尝试，具有深刻的社会意义、理论研究意义与创新意义，对于现代社会城市管理、社区管理具有重要的积极作用。在未来现代化、信息化、国际化和环境优化的城市建设与管理应用中有着不容小觑的发展前景。

## 10.1　北京市朝阳区社区绿化生态效益评价的意义

当今人类面对资源约束趋紧、环境污染严重、生态系统退化的严峻形势，整个社会都应当树立尊重自然、顺应自然、保护自然的生态文明理念，走可持续发展的道路。国家提倡建设经济、政治、社会、文化与生态五位一体的全面发展型社会，生态文明建设把可持续发展提升到绿色发展的高度，因此在城市发展进程中，重视绿化可以带来的生态效益，在政策理论层面，是具有绿色发展的眼光和高度的。广义生态效益是从生态平衡的角度来衡量效益，生态效益的好坏，涉及全局和长期的经济效益。在人类的生产、生活中，如果生态效益受到损害，整体的和长远的经济效益也难得到保障。而狭义生态效益所包含的诸多绿化生态服务功能，多与人居环境的质量与安全息息相关，例如改善小气候、缓解空气污染等，因此备受重视。所谓社区绿化生态效益评价体系，是对社区现阶段绿化水平所能实现的生态效益水平进行评价，通过不断完善和优化社区绿化水平以期在将来可实现生态效益水平标准的制定，其目的还在于通过量化社区绿化生态效益评价以期对社区绿化的建设与维护起到一个监督与促进的作用。通过评价和排序来掌握社区绿化的现状水平，同时督促和调动起社区基层部门和社区居民对于绿化生态效益的认知与重视，从而实现以社区为单元的自发提高和改善社区绿化的带动模式。因此，社区绿化生态效益评价在优化管理与建设、加强全民参与等多个层面上都具有深远的社会意义。

随着绿化生态效益在当今社会发展情形下越来越受到各界重视，相关领域所开展的研究也在逐年增加和深入。对于生态效益指标的量化评价，在学术界也一直是一个不断被探索的研究方向。以往的生态效益评价往往开展于城市这样的宏观尺度，借助遥感影像分析等手段来实现，在对局地或区域小尺度的生态效益评价上具有一定的局限性，且脱离了实地监测构建的评价模型，往往忽略了局地生态效益水平的复杂性与多变性，导致误差率较高，和真实情况有一定的差距。但是严格遵照实地监测的评价又因操作执行难度较高而受到限制，在大范围的应用中可行性欠佳。北京市朝阳区社区绿化生态效益评价工作通过在朝阳区本底抽样获得的实际监测数据，计算得到各生态效益单项指标估算方程，进而实现社区绿化的生态效益评价，在社会管理推广方面，具有较高的理论研究和实践意义。同时本生态效益评价也更具有朝阳区社区属性，符合朝阳区自身绿化和城市发展特征，甚至具有唯一性。此外，社区绿化生态效益评价是朝阳区社区绿化数量化评价体系的二级子体系之一，它的开发是对整个社区绿化数量化评价体系理论的进一步拓展和完善。

数量化社区绿化评价体系是大数据时代下，城市管理领域的一次理论探索与实践。数量化管理是城市管理新模式，为维护城市公共安全提供了可靠保障。数据采集的实时性、移动性，使得对社区绿化信息及其所能发挥的生态效益水平的更新和监督成为可能，保证了整个数量化管理系统的客观性。不仅可以及时发现问题，而且能够及时进行处理，有效防止各种安全事故的发生，为维护城市公共安全提供了可靠保障。

在创新性层面，对于社区绿化生态效益评价的研究开发，在国内城市管理领域更是跨出了极为领先的一步，将抽象的绿化生态效益指标通过科学严谨的实测分析与反映社区绿化水平的相关绿化指标之间建立量化关系，并确定将在后续开发中不断矫正计算模型以更新体系，在评价方法上力求做到科学严谨、切实可行，在方法探索上极具创新意义，也是将传统研究结果推向实践应用的一次成功尝试。此外，以往的社区绿化管理普遍存在"表面化、形式化、利益化"的倾向和问题，公众满意度低，参与感弱。社区绿化评价体系完善与生态效益评价子体系的建立，推动了社区居民对于社区绿化以及社区绿化生态效益的重视和认知，极具科普意义，是可以实际惠及到民众的良策。

## 10.2 北京市朝阳区社区绿化生态效益评价的展望

城市发展速度日益加快，城市管理随之变得越来越复杂，数量化城市管理模式在城市科学管理方面迈出了一大步，具有广阔的拓展空间。社区绿化生态效益评价乃至社区绿化数量化评价管理，从根本上讲，属于现代城市管理中环境优化战略。实行这一战略的主要目的是将城市建设成为既可满足人类生产又能保障人类生存与生活的良性循环与发展的环境。为了实现这一目标，优化城市居住、工作和街区的环境，加强绿化建设管理，关注环境建设的长期性，重视城市生态平衡都离不开科学有效的城市绿化管理手段。因此，积极探索和引进科学管理方式以适应现代化城市的发展需要，是当今社会发展的必然趋势。

社区绿化数量化管理在城市管理领域具有优秀的发展前景，其社会需求量很大，正在受到越来越多的关注和重视。北京市朝阳区在长期的工作实践中，对城市管理的理论进行了创新与探索，提出了以社会化为目标、精细化为手段、信息化为基础、诚信评价体系为保障的城市管理体系（诸大建，2004）。在精细化管理中，又以标准化、数量化和细微化为目标。其中数量化的管理重在对于数据的量化分析，发现问题、把握方向。这一城市管理理论框架也为后续的城市数量化管理工作提供了新思路，这也正是指导社区绿化数量化评价以及社区绿化生态效益评价的核心上位思想。不仅如此，在城市管理应用中，朝阳区社区绿化生态效益评价方法的研究思路是客观严谨的，因此适用于其他城市区域范围的绿化生态效益评价，只有结合各地区基地条件构建的生态效益评价公式，其应用结果才更贴合实际，便于应用。

利用社区绿化数量化管理及社区绿化生态效益评价管理手段可提高政府管理效率，改善公共服务质量。通过将社区绿化相关的评价信息公布在政府官方网站上，并且随时更新保证信息的即时性，可以方便市民查询与监督。例如，已经建设投入使用的朝阳区基础绿化信息平台，可在不断完善更新的同时，加入社区绿化生态效益相关模块，便于管理工作者和社区民居查询了解，逐渐形成完备的社区绿化数量化评价管理体制。社区绿化生态效益评价体系作为社区绿化评价上位体系的拓展与完善，是实现科学与高效管理的重要基石，更将实现城市政府有关绿化建设与管理部门之间的合作与联动。通过为社区绿化及社区绿化生态效益建立数量化的评价体系，有助于协调各城市绿化建设管理相关部门之间的沟通与行动，提高政府处理突发性事故的效率，并且建立跨部门的信息数据库，实现资源共享，方便政府不同部门的使用，同时也减少了数据存储和维护的成本。

数量化城市管理可为政府带来诸多便利，提供了技术保障，并且促进政府职能的转变，是城市管理史上的一次重大变革（张庭伟，2004）。这一思想的应用将在城市社区管理建设中发挥积极的作用，主要体现在数量化评估排序使得社区的得分与排序更为客观公平，以此为基础进行的标准化管理使社区绿化管理实现全过程标准化、流程化，极大地降低了管理过程中可能产生的纠纷等。社区绿化生态效益评价通过对生态效益的评价和倡导，最终落实和回归到如何优化社区绿化从而最大化绿化所能带来的生态效益，使得无论管理者还是社区建设者，甚至社区居民都能认识到绿化生态效益的重要性，从而将以往对于绿化仅仅停留在美化环境层面的认知提升到更为生态、健康、发展的高度。系统的社区绿化生态效益评价方法与标准体系乃至是上位规划构建的社区绿化数量化评价体系，都实现了从理论和执行层面解释并解决城市管理中长期存在的"成本"和"效率"的悖论，做到"低成本与高效率"（陈桂龙，2016）。用最系统直接的方法结合必要但最小化的资源投入，获得全社区乃至更大范围的绿化生态效益指标水平。从根本上解决了传统社区绿化管理的种种弊端，从技术、机制和制度三个方面实现了社区绿化管理的突破和进步，通过量化分析和量化评估，使社区绿化管理由粗放走向精细，由混乱走向有序，由传统走向现代。

总之，由朝阳区城市管理监督指挥中心与北京林业大学率先探索开发的北京市朝阳区社区绿化生态效益评价方法与标准体系，在城市管理应用领域有着比较广阔的前景，同时也是符合国家绿色发展、生态文明指导思想的绿色管理手段，其推广和应用都将带动城市社区绿化管理工作走向数量化、标准化、精细化。数量化城市管理未来还有可能向各个方面延伸，必将受到各级政府以及社会公众的关注与重视，这对于提高政府工作效率、促进我国经济发展和社会和谐起到积极作用。

# 参考文献

**相关条例、规范、标准、导则**

[1] 《北京市城市绿化条例》

[2] 《居住区绿地设计规范》(DB11/T 214—2003)

[3] 《城市居住区规划设计规范》(GB 50180—93)

[4] 《居住区环境景观设计导则》

[5] 《城市园林绿化工程施工及验收规范》(DB11/T 212—2003)

[6] 《城市园林绿化养护管理标准》(DB11/T 216—2003)

[7] 《上海市工程建设规范园林绿化养护技术等级标准》(DG TJ 08—702—1003)

[8] 《国家生态园林城市标准》(城建〔2010〕125号)

[9] 《上海市新建住宅环境绿化建设导则》(沪住工〔2001〕214号)


**中文部分**

[1] 安爱萍,郭琳芳,董蕙青. 我国大气污染及气象因素对人体健康影响的研究进展〔J〕. 环境与职业医学,2005,22(3):279-282.

[2] 巴成宝,梁冰,李湛东. 城市绿化植物减噪研究进展〔J〕. 世界林业研究,2012,25(5):40-46.

[3] 巴成宝. 北京部分园林植物减噪及其影响因子研究〔D〕. 北京:北京林业大学,2013.

[4] 北京市统计局. 北京统计年鉴 2009〔M〕. 北京:中国统计出版社,2009.

[5] 包冉. 空气负离子与人体健康〔J〕. 科学之友,2010(08):97-98.

[6] 曹志平. 土壤生态学〔M〕. 北京:化学工业出版社,2007.

[7] 柴一新,祝宁,韩焕金. 城市绿化树种的滞尘效应——以哈尔滨市为例〔J〕. 应用生态报,2002,13(9):1121-1126.

[8] 车凤翔,胡庆轩,陈振生等. 京津地区大气微生物的时空分布〔J〕. 中国公共卫生学报,1989,8(3):161-164.

[9] 陈锷,万东,褚可成等. 空气微生物污染的监测及研究进展〔J〕. 中国环境监测,2014,4(30):171-178.

[10] 陈芳,周志翔,郭尔祥等. 城市工业区园林绿地滞尘效应的研究——以武汉钢铁公司厂区绿地为例〔J〕. 生态学杂志,2006,01:34-38.

[11] 陈桂龙. 数量化城市管理 2.0 运行系统建设〔J〕. 中国建设信息化,2016(04).

[12] 陈国平,程珊珊,丛明旸等. 三种阔叶林凋落物对下层土壤养分的影响〔J〕. 生态学杂志,2014,(04):874-879.

[13] 陈皓文. 空气微生物粒子沉降量指示兰州空气质量〔J〕. 内蒙古环境保护,1998,10

(2)：11-13.

[14] 陈健，崔森，刘镇宇. 北京夏季绿地小气候效应 [M] //冯采芹. 绿化环境效应研究. 北京：中国环境科学出版社，1992：1-8.

[15] 陈俊廷. 结合现状对城市噪声污染的探讨 [J]. 广东科技，2007：349-350.

[16] 陈平. 依托数字城市技术创建城市管理新模式 [J]. 中国科学院院刊，2005，(3)：220-222.

[17] 陈少鹏，庄倩倩，郭太君等. 长春市园林树木固碳释氧与增湿降温效应研究 [J]. 湖北农业科学，2012，(04)：750-756.

[18] 陈玮，何兴元，张粤等. 东北地区城市针叶树冬季滞尘效应研究 [J]. 应用生态报，2003，14 (12)：21113-2116.

[19] 陈振兴，王喜平，叶渭贤. 绿篱的减噪效果分析 [J]. 广东林业科技，2003，19 (2)：41-43.

[20] 陈卓伦，赵立华，孟庆林等. 广州典型住宅小区微气候实测与分析 [J]. 建筑学报，2008 (11)：24-27.

[21] 陈自新. 城市园林绿化与城市可持续发展 [J]. 中国园林，1998，14 (5)：44-46.

[22] 陈自新，苏雪痕，刘少宗等. 北京城市园林绿化生态效益的研究（2）[J]. 中国园林，1998，14 (2)：51-54.

[23] 褚泓阳，弓弼，马梅. 园林树木杀菌作用的研究 [J]. 西北林学院学报，1995，10 (4)：64-67.

[24] 崔兴国. 植物蒸腾作用与光合作用的关系 [J]. 衡水师专学报，2002，4 (3)：55-56.

[25] 戴均华. 森林水源涵养功能价值及其保护对策 [C] //河湖水生态水环境专题论坛论文集. 湖北省林业科学研究院，2012.

[26] 丁菡，胡海波. 城市大气污染与植物修复 [J]. 南京林业大学学报（人文社会科学版），2005，02：84-88.

[27] 董延梅. 杭州花港观鱼公园 57 种园林树木固碳效益测算及应用研究 [D]. 浙江农林大学，2013.

[28] 杜喆华. 室内空气中微生物时空分布特性研究 [J]. 洁净与空调技术，2012，6：21-24.

[29] 杜家纬. 植物—昆虫间的化学通讯及其行为控制 [J]. 植物生理学报，2001，27 (3)：193-200.

[30] 段舜山，彭少麟，张社尧. 绿地植物的环境功能与作用 [J]. 生态科学. 1999，18 (2)：79-81.

[31] 杜玲，张海林，陈阜. 京郊越冬植被叶片滞尘效应研究 [J]. 农业环境科学学报，2011，02：249-254.

[32] 范亚民. 城郊绿地系统生态效益研究——以南宁青秀山为例 [D]. 长沙：中南林学院，2003.

[33] 范亚民，何平，李建龙等. 城市不同植被配置类型空气负离子效应评价 [J]. 生态学杂志. 2005 (08)：883-886.

[34] 范亚民. 城郊绿地系统生态效益研究 [D]. 长沙：中南林学院，2003.

[35] 樊邦常. 环境化学 [M]. 杭州：浙江大学出版社，1991.

[36] 方治国，欧阳志云，胡利锋等. 城市生态系统空气微生物群落研究进展 [J]. 生态学报，2004，24 (2)：315-322.

[37] 方治国，欧阳志云，胡利锋等. 北京市夏季空气微生物粒度分布特征 [J]. 环境科学，2004，25 (6)：1-5.

[38] 冯玉元. 植物降温作用测定与城市绿化思路 [J]. 林业调查规划，2004 (S1)：262-263.

[39] 高宏，应援明. 基于 AHP 原理的主观预测方法 [J]. 决策与决策支持系统，1996，6 (4)：104-107.

[40] 高红武. 噪声控制技术 [M]. 武汉：武汉理工大学出版社，2009.

[41] 高金晖，王冬梅，赵亮等. 植物叶片滞尘规律研究——以北京市为例 [J]. 北京林业大学报，2007，29 (2)：94-99.

[42] 高凯，秦俊，王丽勉等. 上海市不同植物蒸腾的降温增湿效益研究 [J]. 高师理科学刊，2007 (2)，64-69.

[43] 高岩. 北京市绿化树木挥发性有机物释放动态及其对人体健康的影响 [D]. 北京：北京林业大学，2005.

[44] 高岩，金幼菊，陈华君等. 5 种针叶植物的挥发物的成分及其它们的抑菌作用 [J]. 植物学报，2005，47 (4)：499-507.

[45] 高志红，张万里，张庆费. 森林凋落物生态功能研究概况及展望 [J]. 东北林业大学学报，2004，32 (6)：79-80，83.

[46] 耿生莲，王志涛. 西宁市道路绿地及乔木树种的降噪效应 [J]. 西北林学院学报，2013，28 (3)：182-187.

[47] 龚伟，胡庭兴，王景燕等. 川南天然常绿阔叶林人工更新后枯落物对土壤的影响 [J]. 林业科学，2007，(07)：112-119.

[48] 管东生，陈玉娟，黄芬芳. 广州城市绿地系统碳的贮存、分布及其在碳氧平衡中的作用 [J]. 中国环境科学，1998，18 (5)：437-442.

[49] 郭观林，周启星. 土壤-植物系统复合污染研究进展 [J]. 应用生态学报，2003，14 (5)：823-828.

[50] 郭含文，丁国栋，赵媛媛等. 城市不同绿地 PM2.5 质量浓度日变化规律 [J]. 中国水土保持科学，2013，04：99-103.

[51] 郭伟，申屠雅瑾，郑述强等. 城市绿地滞尘作用机理和规律的研究进展 [J]. 生态环境学报，2010，06：1465-1470.

[52] 郭鑫，张秋良，唐力等. 呼和浩特市几种常绿树种滞尘能力的研究 [J]. 中国农学通报，2009，25 (17)：62-65.

[53] 郭要富，金荷仙，陈海萍. 植物环境对人体健康影响的研究进展 [J]. 中国农学通报，2012，28 (28)：304-308.

[54] 郭益力，张静，鲁小珍. 南京不同绿地类型空气负离子浓度 [J]. 安徽农业科学，2013，41 (7)：3077-3078.

[55] 韩凤朋，郑纪勇，张兴昌. 黄土退耕坡地植物根系分布特征及其对土壤养分的影响

[J]. 农业工程学报，2009（2）.

[56] 韩俊永. 深圳市主要园林植物生理生态特性与生态效益研究 [D]. 南京林业大学，2005.

[57] 贺金生，王政权，方精云. 全球变化下的地下生态学：问题与展望 [J]. 科学通报，2004，（13）：1226-1233.

[58] 何振立. 土壤微生物量及其在养分循环和环境质量评价中的意义 [J]. 土壤，1997（02）：61-69.

[59] 洪传洁，阚海东，陈秉衡. 城市大气污染健康危险度评价的方法　第五讲　大气污染对城市居民健康危害的定量评估（续五）[J]. 环境与健康杂志，2005，01：62-64.

[60] 侯红，陈炫，张彩云. 太原市大气细菌动态变化规律 [J]. 太原科技，1998（3）：8-10.

[61] 侯立柱，丁跃元，冯绍元等. 北京城区不同下垫面的雨水径流水质比较 [J]. 中国给水排水，2006，22（23）：35-38.

[62] 胡婵娟，郭雷. 植被恢复的生态效应研究进展 [J]. 生态环境学报，2012，21（9）：1640-1646.

[63] 胡利锋. 北京城市生态系统空气真菌群落结构与动态变化研究 [D]. 长沙：湖南农业大学，2005.

[64] 胡淼森. 北京奥林匹克森林公园植物景观与生态效益初探 [D]. 北京：北京林业大学，2009.

[65] 胡敏，唐倩，彭剑飞等. 我国大气颗粒物来源及特征分析 [J]. 环境与可持续发展，2011，05：15-19.

[66] 胡庆轩，车凤翔，陈振生等. 大风对大气细菌粒子浓度和粒度分布的影响 [J]. 中国环境监测，1991，7（6）：5-8.

[67] 胡庆轩，蔡增林等. 沈阳市大气微生物的研究 [J]. 环境保护科学，199，22（3）：22-25.

[68] 胡庆轩，陈振生，徐桂清等. 北京地区大气微生物粒子谱的研究 [J]. 中国环境监测，1991，7（1）：9-11.

[69] 胡庆轩，徐秀芝，童咏仪等. 沈阳市大气微生物的研究Ⅳ. 大气真菌粒数中值直径及粒度分布 [J]. 微生物学通报，1994，21（6）：353-356.

[70] 胡雁. 青岛市大气污染健康危险度评价 [J]. 环境保护，2003，5：32-34.

[71] 胡永红，王丽勉，秦俊等. 不同群落结构的绿地对夏季微气候的改善效果 [J]. 安徽农业科学，2006（02）：235-237.

[72] 花晓梅. 树木杀菌素对结核菌抑制作用的研究 [J]. 林业科学，1984，20（4）：423-430.

[73] 花晓梅. 树木杀菌作用研究初报 [J]. 林业科学，1980，16（3）：236-240.

[74] 黄健屏，吴楚才. 与城区比较的森林区微生物类群在空气中的分布状况 [J]. 林业科学，2002，38（2）：173-176.

[75] 黄向华，王健，曾宏达等. 城市空气负离子浓度时空分布及其影响因素综述 [J]. 应用生态学报，2013（06）：1761-1768.

[76] 黄彦柳，陈东辉，陆丹等. 空气负离子与城市环境 [J]. 干旱环境监测，2004（04）：208-211.

[77] 冀晓东，陈丽华，张超波. 林木根系对土壤的增强作用与机理分析 [J]. 中国水土保持，2009，（10）：19-21.

[78] 蒋国碧. 试谈绿化与重庆城市热岛效应的改善 [J]. 重庆环境保护，1985：35-41.

[79] 蒋美珍. 城市绿地的生态环境效应 [J]. 浙江树人大学学报，2003，3（1）：79-82.

[80] 蒋美珍. 浅议城市生态环境问题与对策 [J]. 浙江树人大学学报，2001，3（1）：65-67.

[81] 蒋美珍. 城市绿地的生态环境效应 [J]. 生态环境与保护，2003（6）：32-33.

[82] 姜庆娟. 浅谈城市园林绿化的意义和功能 [J]. 科技资讯，2013，16：213.

[83] 金银龙，何公理，刘凡等. 中国煤烟型大气污染对人群健康危害的定量研究 [J]. 卫生研究，2002，05：342-348.

[84] 巨天珍，索安宁，田玉军等. 兰州市空气微生物分析 [J]. 工业安全与环保，2003，29（3）：17-19.

[85] 孔少飞，白志鹏. 大气颗粒物来源解析中机动车尾气成分谱研究进展 [J]. 环境科学与技术，2013，10：26-33，72.

[86] 孔花. 山地城市绿地和水泥道路径流系数的研究 [D]. 重庆大学，2012.

[87] 李成. 绿化对多层居住区室外热环境影响的研究 [D]. 华中农业大学，2009.

[88] 李翠英. 植物的蒸腾作用 [J]. 中国花卉报，1996.

[89] 李丹燕. 广州城市公园绿地系统特征及其效益分析 [J]. 生态科学，1999，18（3）：66-70.

[90] 李高阳，毛彦哲，赵辉等. 4种林分类型空气负离子浓度日变化规律 [J]. 山西农业科学，2012（06）：661-663.

[91] 李海梅，何兴元，王奎玲等. 2007. 沈阳城区五种乔木树种的光合特性 [J]. 应用生态学报，18（8）：1709-1714.

[92] 李和平，肖竞. 我国文化景观的类型及其构成要素分析 [J]. 中国园林，2009，02（05）：90-94.

[93] 李华娟，戚继忠. 植物抑制空气中细菌作用的研究进展 [J]. 南京林业大学学报：自然科学版，2004，28（6）：91-94.

[94] 李辉，赵卫智. 北京5种草坪地被植物生态效益的研究. 中国园林，1998，4：36-387.

[95] 李家华. 环境噪声控制 [M]. 北京：冶金工业出版社，2003.

[96] 李景奇，夏季. 城市防灾公园规划研究 [J]. 中国园林，2007，07（07）：16-22.

[97] 李七伟，赵晓松. 抚顺市主要绿化植物滞尘能力研究 [J]. 现代园艺，2013，08：7-8.

[98] 李少宁，王燕，张玉平等. 北京典型园林植物区空气负离子分布特征研究 [J]. 北京林业大学学报. 2010，32（1）：130-135.

[99] 凌琪. 空气微生物学研究现状与展望 [J]. 安徽建筑工业学院学报（自然科学版），2009，17（1）：75-79.

[100] 厉曙光，张亚锋，李莉等. 喷泉对周围空气负离子和气象条件的影响 [J]. 同济大学学报，2002，30（3）：352-355.

[101] 李帅，敬鑫，于海漪. 北方工业大学校园微气候测试与分析 [J]. 华中建筑，2010

(12)：58-63.

[102]　李延明，郭佳，冯久莹. 城市绿色空间及对城市热岛效应的影响 [J]. 城市环境与城市生态，2004（01）：1-4.

[103]　李延明. 城市道路绿地的减噪效应. 北京园林，2002，18（2）：14-16.

[104]　梁淑英. 南京地区常见城市绿化树种的生理生态特性及净化大气能力的研究 [D]. 南京林业大学，2005.

[105]　廖伟彪，施雪良，郁继华等. 12 种花灌木抑菌和降温增湿效益的研究. 观赏园艺与西部发展——中国园艺学会观赏园艺专业委员会 2010 年全国学术年会 [C]. 中国青海西宁；2010.

[106]　林学椿，于淑秋. 北京地区气温的年代际变化和热岛效应 [J]. 地球物理学报，2005，48（1）：39-45.

[107]　蔺银鼎，韩学孟，武小刚等. 城市绿地空间结构对绿地生态场的影响 [J]. 生态学报，2006，26（10）：3339-3346.

[108]　蔺银鼎，武小刚，郝兴宇. 城市绿地边界温湿度效应对绿地结构的响应 [J]. 中国园林，2006（09）：73-76.

[109]　刘滨谊，梅欹等. 上海城市居住区风景园林空间小气候要素与人群行为关系测析 [J]. 中国园林，2016，05（01）：05-09.

[110]　刘常富，赵爽，李玲. 2008. 沈阳城市森林固碳和污染物净化效益差异初探 [J]. 西北林学院学报，23（4）：56-61.

[111]　刘佳妮. 园林植物降噪功能研究 [D]. 杭州：浙江大学，2007.

[112]　刘娇妹，李树华，杨志峰. 北京公园绿地夏季温湿效应 [J]. 生态学杂志. 2008（11）：1972-1978.

[113]　刘世文，杨柳，张璞等. 西宁住宅小区冬季微气候测试研究 [J]. 建筑科学，2013（29）：64-69.

[114]　刘洋，王飞，田治国等. 8 种园林草本植物挥发性物质的抑菌效果研究 [J]. 西北农林科技大学学报，2009，37（3）：141-145.

[115]　刘云国，马涛，张薇等. 植物挥发性物质的抑菌作用 [J]. 吉首大学学报（自然科学版），2004，25（2）：39-43.

[116]　刘振玲，周青，叶亚新. 大气污染的植物修复研究进展 [D]. 上海环境科学，2007，（6）：236-239.

[117]　龙珊，苏欣等. 城市绿地降温增湿效益研究进展 [J]. 森林工程，2016，32（01）：21-24.

[118]　卢瑛，龚子同，张甘霖等. 南京城市土壤重金属含量及其影响因素 [J]. 应用生态学报，2004，（01）：123-126.

[119]　栾庆祖，叶彩华，刘勇洪等. 城市绿地对周边热环境影响遥感研究——以北京为例 [J]. 生态环境学报，2014，23（2）：252-261.

[120]　罗充，理燕霞，张伟等. 19 种园林植物组织杀菌作用的研究 [J]. 安徽农业科学，2005，33（5）：810-811.

[121]　罗英，李晓储，何小弟等. 城市森林不同类型绿地植物配置抑菌效应初析 [J]. 中国

城市林业，2005，3（6）：23-25.

[122] 罗永清，赵学勇，李美霞. 植物根系分泌物生态效应及其影响因素研究综述 [J]. 应用生态学报，2012，（12）：3496-3504.

[123] 吕爱华，王庆燕，苏君等. 乌鲁木齐市大气微生物浓度变化规律 [J]. 中国环境监测，1996，12（3）：50-53.

[124] 毛东兴，洪宗辉. 环境噪声控制工程 [M]. 北京：高等教育出版社，2010.

[125] 毛齐正，等. 城市绿地生态评价研究进展 [J]. 生态学报，2012，32（17）：5589-5600.

[126] 蒙晋佳，张燕. 地面上的空气负离子主要来源于植物的尖端放电 [J]. 环境科学与技术，2005（01）：112-113.

[127] 孟紫强，胡敏，郭新彪等. 沙尘暴对人体健康影响的研究现状 [J]. 中国公共卫生，2003，19（4）：471-472.

[128] 明惠青. 大气微生物污染研究进展 [C]. 第28届中国气象学会年会——S8大气成分与天气气候变化的联系，2011.

[129] 穆丹，梁英辉. 城市不同绿地结构对空气负离子水平的影响 [J]. 生态学杂志. 2009（05）：988-991.

[130] 穆丹，梁英辉. 不同树种对空气负离子水平的影响 [J]. 安徽农业科学，2010（03）：1549-1550.

[131] 穆丹，梁英辉. 城市不同绿地结构对空气负离子水平的影响 [J]. 生态学杂志，2009，28（5）：988-991.

[132] 南京市环保所. 城市绿化减少空气含菌量效应的初步观察 [J]. 南林科技，1976（2）：11-13.

[133] 倪黎，沈守云，黄培森. 园林绿化对降低城市热岛效应的作用 [J]. 中南林业科技大学学报，2007（02）：36-43.

[134] 宁淼，王金南. 大气污染治理的顶层设计 [J]. 时事报告，2013，11：24-25.

[135] 潘瑞炽. 植物生理学（第五版）[M]. 北京：高等教育出版社，2004：18-95.

[136] 彭少麟，邵华. 化感作用的研究意义及发展前景 [J]. 应用生态学报，2001，12（5）：780-786.

[137] 平措. 我国城市大气污染现状及综合防治对策 [J]. 环境科学与管理. 2006，2（1）：18-21.

[138] 戚继忠，由士江，王洪俊等. 园林植物清除细菌能力的研究 [J]. 城市环境与城市生态，2000，13（4）：36-38.

[139] 秦俊，王丽勉，胡永红等. 上海居住区植物群落的降温增湿效应 [J]. 生态与农村环境学报，2009（01）.

[140] 秦仲，巴成宝，李湛东. 北京市不同植物群落的降温增湿效应研究 [J]. 生态科学，2012（05）：567-571.

[141] 任启文. 北京市绿地空气微生物浓度的变化特征研究 [D]. 北京：北京林业大学，2007.

[142] 任启文，王成，杨颖等. 城市绿地空气微生物浓度研究——以北京元大都公园为例

[J]. 干旱区资源与环境，2007，21（4）：80-83.

[143] 任文堂. 机动车辆噪声源和控制技术 [J]. 噪声与振动控制，1984，4：24-27.

[144] 邵海荣，贺庆棠，阎海平等. 北京地区空气负离子浓度时空变化特征的研究 [J]. 北京林业大学学报，2005（03）：35-39.

[145] 石彦军，余树全，郑庆林. 6种植物群落夏季空气负离子动态及其与气象因子的关系 [J]. 浙江林学院学报，2010（02）：185-189.

[146] 宋凌浩，宋伟民，施玮. 上海市大气细菌污染研究 [J]. 上海环境科学，1999，18（6）：258-260.

[147] 苏喜富. 我国北方城市绿化树种的选择与配置 [J]. 内蒙古林业调查设计，2009，32（3）：81-84.

[148] 苏泳娴，黄光庆，陈修治等. 城市绿地的生态环境效应研究 [J]. 生态学报，2011，31（23）：7287-7300.

[149] 粟志峰，刘艳，彭倩芳. 不同绿地类型在城市中的滞尘作用研究 [J]. 干旱环境监测，2002，03：162-163.

[150] 孙波，赵其国，张桃林等. 土壤质量与持续环境——Ⅲ. 土壤质量评价的生物学指标 [J]. 土壤，1997，（05）：225-234.

[151] 孙平勇，刘雄伦，刘金灵等. 空气微生物的研究进展 [J]. 中国农学通报，2010，26（11）：336-340.

[152] 孙淑萍，古润泽，张晶. 北京城区不同绿化覆盖率和绿地类型与空气中可吸入颗粒物（PM10）[J]. 中国园林，2004，03：80-82.

[153] 孙荣高，张丽华，谭东南等. 干旱、半干旱城市大气细菌区系分布研究 [J]. 新疆环境保护，1994，16（1）：47-55.

[154] 孙荣高. 兰州大气微生物的监测与评价 [J]. 干旱环境监测，1996，10（1）：42-44.

[155] 覃雪，李光涛，安菲. 试论大气污染对人类生存环境的危害 [J]. 北方环境. 2011，2：173-174.

[156] 唐孝炎. 大气环境化学 [M]. 高等教育出版社，1990.

[157] 田国行，杨文峰，田超等. 郑州城市绿地生态效益与优化配置研究 [J]. 河南科学，2001，19（3）：300-303.

[158] 田志慧，蔡北溟，达良俊. 城市化进程中上海植被的多样性、空间格局和动态响应（Ⅷ）：上海乡土陆生草本植物分布特征及其在城市绿化中的应用前景 [J]. 华东师范大学学报（自然科学版），2011，4：24-34.

[159] 汪嘉熙，吴钦传. 城市绿化树木减弱噪声效应的初步观察 [J]. 林业科学，1979，（4）：297-299.

[160] 王春梅. 交通噪声特性分析与绿化带降噪效果研究 [D]. 陕西：西北农林科技大学，2007.

[161] 王光华，金剑，徐美娜等. 植物、土壤及土壤管理对土壤微生物群落结构的影响 [J]. 生态学杂志，2006，（05）：550-556.

[162] 王红娟. 石家庄市绿地秋季温湿效应研究 [D]. 河北师范大学，2014.

[163] 王建龙，车伍，易红星. 基于低影响开发的雨水管理模型研究及进展 [J]. 中国给水

排水，2010，26（18）：50-54.

[164] 王阔. 北京城市化环境下自生草本植物现状及园林应用研究 [D]. 北京林业大学，2014.

[165] 王蕾，哈斯，刘连友等. 北京市六种针叶树叶面附着颗粒物的理化特征 [J]. 应用生态报，2007，18（3）：487-492.

[166] 王丽勉，胡永红，秦俊等. 上海地区 151 种绿化植物固碳释氧能力的研究 [J]. 华中农业大学学报，2007，26（3）：399-401.

[167] 王连，韩树文. 公路绿化常用功能种植方式 [J]. 现代农村科技，2009（21）：42.

[168] 王琳琳. 北京大气污染特征研究 [D]. 济南：山东大学，2011.

[169] 王蓉丽，方英姿，马玲. 金华市主要城市园林植物综合滞尘能力的研究 [J]. 浙江农业科学，2009，03：574-577.

[170] 王慎强，陈怀满，司友斌. 我国土壤环境保护研究的回顾与展望 [J]. 土壤，1999，（05）：255-260. 王忠君. 基于园林生态效益的圆明园公园游憩机会谱构建研究 [D]. 北京：北京林业大学，2013.

[171] 王玮璐. 北京城市绿化林带降噪效果的四季变化研究 [D]. 北京：北京林业大学，2012.

[172] 王喜全，龚晏邦. "城市干岛"对北京夏季高温闷热天气的影响 [J]. 科学通报，2010，11：1043-1047.

[173] 王众正，杜翠珍. 关于绿色雨水排水系统的研究进展 [J]. 科技与创新，2016，03（01）：101.

[174] 王忠君. 2010. 福州植物园绿量与固碳释氧效益研究 [J]. 中国园林（12）：1-6.

[175] 王洪俊，孟庆繁. 城市绿地中空气负离子水平的初步研究 [J]. 北华大学学报（自然科学版），2005，6（3）：264-268.

[176] 魏玉香，杨卫芬，银燕等. 霾天气南京市大气 PM2.5 中水溶性离子污染特征 [J]. 环境科学与技术，2009，32（11）：66-71.

[177] 吴丹，张世秋. 中国大气污染控制策略与改进方向评析 [J]. 北京大学学报（自然科学版），2011，11（6）：1143-1150.

[178] 吴菲，张志国，王广勇. 北京 54 种常用园林植物降温增湿效应研究 [C] //中国园艺学会观赏园艺专业委员会 2012 年学术年会，广东广州，2012：10.

[179] 吴菲，李树华，刘剑. 不同绿量的园林绿地对温湿度变化影响的研究 [J]. 中国园林，2006（07）：56-60.

[180] 吴菲，李树华，刘娇妹. 林下广场、无林广场和草坪的温湿度及人体舒适度 [J]. 生态学报，2007，27（7）：2964-2971.

[181] 吴菲，朱春阳，李树华. 北京市 6 种下垫面不同季节温湿度变化特征 [J]. 西北林学院学报，2013（01）：207-213.

[182] 吴林坤，林向民，林文雄. 根系分泌物介导下植物-土壤-微生物互作关系研究进展与展望 [J]. 植物生态学报，2014，（03）：298-310.

[183] 吴志萍，王成. 城市绿地与人体健康 [J]. 世界林业研究，2007，20（2）：32-37.

[184] 吴云霄，王海洋. 城市绿地生态效益的影响因素 [J]. 林业调查规划，2006，31（2）：

99-101.

[185] 夏北成. 植被对土壤微生物群落结构的影响 [J]. 应用生态学报，1998，9（3）：296-300.

[186] 夏忠弟，陈淑珍，邬国军等. 植物幼苗生物场对人体免疫功能的影响 [J]. 中国现代医学杂志，1999，9（7）：18-19.

[187] 肖笃宁，李秀珍. 当代景观生态学的进展和展望 [J]. 地理科学，1997，17（4）：356-364.

[188] 晓康. 北京职业病噪声居榜首 [J]. 安全与健康，2003，7：14.

[189] 谢慧玲，李树人，阎志平等. 植物杀菌作用及其应用研究 [J]. 河南农业大学学报，1997，31（4）：367-402.

[190] 邢黎明，贾继霞，张艳红. 大气可吸入颗粒物对环境和人体健康的危害 [J]. 安阳工学院学报，2009，04：48-50.

[191] 徐昭晖. 安徽省主要森林旅游区空气负离子资源研究 [D]. 安徽农业大学，2004.

[192] 徐玮玮. 扬州古运河生态环境林绿地树种配置及环境效应研究 [D]. 扬州：扬州大学，2007.

[193] 徐文俊，翁永发等. 办公场所5种典型绿化植物的负氧离子及空气质量差异变化 [J]. 天津农业科学，2016，22（1）：140-144.

[194] 徐永荣，王斗天，冯宗炜等. 天津滨海几种人工植被的碳汇作用研究 [J]. 华中农业大学学报，2003，22（6）：603-607.

[195] 阳柏苏，何平，范亚明. 城市绿地系统结构与负离子发生的生态分析 [J]. 怀化学院学报，2003，22（5）：64-67.

[196] 杨欢，刘滨谊译.（美）帕特里克·A·米勒著. 传统中医理论在康健花园设计中的应用 [J]. 中国园林，2009（7）：13-18.

[197] 杨瑞卿，肖扬. 徐州市主要园林植物滞尘能力的初步研究 [J]. 安徽农业科学，2008，20：8576-8578.

[198] 杨士弘. 城市绿化树木碳氧平衡效应研究. 城市环境与城市生活，1996，9（1）：37-39.

[199] 杨士弘. 城市生态环境学 [M]. 北京：科学出版社，2003：134-168.

[200] 杨统一，李晓储，樊英鑫等. 异龄针阔混交林群落抑菌功能日变化的测定 [J]. 江苏林业科技，2006，33（4）：6-8.

[201] 杨小波，吴庆书. 城市生态学 [M]. 北京：科学出版社，2004.

[202] 姚玉红，彭斌，胡冰霜. 城市区域环境噪声对人心理和生理功能影响研究进展 [J]. 现代预防医学，2000，27（4）：571-572.

[203] 于玺华. 空气微生物学及研究进展 [J]. 洁净与空调技术，2005（4）：29-33.

[204] 于玺华. 现代空气微生物学 [M]. 北京：人民军医出版社，2002.

[205] 俞学如. 南京市主要绿化树种叶面滞尘特征及其与叶面结构的关系 [D]. 南京：南京林业大学，2008.

[206] 俞宗明. 浅述城市园林绿化的功能作用 [J]. 江苏建筑，2009，3：6-8.

[207] 袁玲. 公路林带声衰减量及其应用研究 [D]. 西安：长安大学，2009.

[208] 袁秀云，刘国伟，高雪梅等. 植物挥发性分泌物对空气微生物杀灭作用的研究 [J].

河南农业大学学报，1999，33（2）：127-133.

[209] 查轩，唐克丽，张科利等. 植被对土壤特性及土壤侵蚀的影响研究 [J]. 水土保持学报，1992，（02）：52-58.

[210] 张邦俊，翟国庆. 环境噪声学 [M]. 杭州：浙江大学出版社，2001.

[211] 张波，孟紫强. 大气生物污染与健康的研究 [J]. 城市环境与城市生态，1995，8（4）：15-17.

[212] 张彪，李文华，谢高地等. 森林生态系统的水源涵养功能及其计量方法 [J]. 生态学杂志，2009，28（3）：529-534.

[213] 张宏昆. 高速公路林带降噪参数设计研究 [J]. 公路与汽运，2009，133（4）：156-159.

[214] 张家洋，周君丽，任敏等. 20种城市道路绿化树木的滞尘能力比较 [J]. 西北师范大学学报（自然科学版），2013，05：113-120.

[215] 张景，吴祥云. 阜新城区园林绿化植物叶片滞尘规律 [J]. 辽宁工程技术大学学报（自然科学版），2011，06：905-908.

[216] 张丽红，李树华. 城市水体对周边绿地水平方向温湿度影响的研究：北京市"建设节约型园林绿化"研讨会 [Z]. 中国北京：200710.

[217] 张璐，杨加志，曾曙才等. 车八岭国家级自然保护区空气负离子水平研究 [J]. 华南农业大学学报，2004，25（3）：26-28.

[218] 张明丽，胡永红，秦俊. 城市植物群落的减噪效果分析 [J]. 植物资源与环境学报，2006，15（2）：25-28.

[219] 张庆费. 降噪绿地：研究与营造 [J]. 建设科技，2004，21：30-31.

[220] 张庆费，庞名瑜，姜义华等. 上海主要园林树木保健型气体挥发物分析 [C] //1999年国际公园康乐协会亚太地区会议论文集，1999：247-250.

[221] 张晟，郑坚，付永川. 重庆市城区空气微生物污染及评价 [J]. 环境与健康杂志，2002，19（3）：231-233.

[222] 张庭伟. 新自由主义·城市经营·城市管治·城市竞争力 [J]. 城市规划，2004：28.

[223] 张新献，古润泽，陈自新等. 北京城市居住区绿地的滞尘效益 [J]. 北京林业大学学报，1997，04：14-19.

[224] 张新献，古润泽. 居住区绿地对其空气中细菌含量的影响 [J]. 中国园林，1997，13（2）：57-58.

[225] 张秀珍，陶凤蓉，缪竞智. 从呼吸道分泌物中分离出1032株真菌的分类与鉴定 [J]. 临床检验杂志，1993，11（2）：90-91.

[226] 张锡洲，李廷轩，王永东. 植物生长环境与根系分泌物的关系 [J]. 土壤通报，2007，38（4）：785-789.

[227] 章银柯，王恩，林佳莎等. 城市绿地空气负离子研究进展 [J]. 山东林业科技. 2009（03）：139-141.

[228] 张英杰，乔海涛，胡艳芳等. 城市绿地的生态价值 [J]. 青岛建筑工程，2004，25（2）：66-70.

[229] 张岳恒，黄瑞建，陈波. 城市绿地生态效益评价研究综述 [J]. 杭州师范大学学报（自然科学版），2010，9（7）：268-272.

[230] 章志攀，俞益武，张明如等. 天目山空气负离子浓度变化及其与环境因子的关系 [J]. 浙江林学院学报，2008，25（4）：481-485.

[231] 郑林森，庞名瑜，姜义华等. 47种园林植物保健型挥发性物质的测定 [C] //上海市风景园林学会论文集，2004（1）：14-18.

[232] 赵其国，骆永明，滕应等. 当前国内外环境保护形势及其研究进展 [J]. 土壤学报，2009，46（6）：1146-1154.

[233] 赵萱，李海梅. 11种地被植物固碳释氧与降温增湿效益研究 [J]. 江西农业学报，2009，21（1）：44-47.

[234] 郑晓燕，刘咸德，赵峰华等. 北京市大气颗粒物中生物质燃烧排放贡献的季节特征 [J]. 中国科学，2005，04：346-352.

[235] 周淑贞，王行恒. 上海大气环境中的城市干岛和湿岛效应 [J]. 华东师范大学学报（自然科学版），1996（04）：68-80.

[236] 朱春阳，李树华，纪鹏等. 城市带状绿地宽度与温湿效益的关系 [J]. 生态学报，2011（02）：383-394.

[237] 朱春阳，纪鹏，李树华. 城市带状绿地结构类型对空气质量的影响 [J]. 南京林业大学学报（自然科学版），2013（01）：18-19.

[238] 朱霁琪，彭尽晖，李艳香等. 园林植物挥发性气体除菌作用国内研究进展 [J]. 广东林业科技，2008，24（4）：92-95.

[239] 褚泓阳，弓弼，马梅等. 园林树木杀菌作用的研究 [J]. 西北林学院学报，1995，10（4）：64-67.

[240] 诸大建. 管理城市发展 [M]. 上海：同济大学出版社，2004.

[241] 庄大伟，孙学武. 园林植物杀菌作用研究简报 [J]. 山东林业科技，2008，36（5）：36-37.

[242] 周斌，余树全，张超等. 不同树种林分对空气负离子浓度的影响 [J]. 浙江农林大学学报，2011（02）：200-206.

[243] 周健，肖荣波，庄长伟等. 城市森林碳汇及其核算方法研究进展 [J]. 生态学杂志，2013b，32（12）：3368-3377.

[244] 周宁. 利用植物修复污染土壤的研究综述 [J]. 安徽农业科学，2011，39（6）：3390-3391.

[245] 周志翔，邵天一，周小青等. 武钢厂区景观结构与绿地空间布局研究 [J]. 应用生态学报，2001，12（2）：190-194.

[246] 宗美娟，王仁卿，赵坤. 大气环境中的负离子与人类健康 [J]. 山东林业科技，2004，151（2）：32-34.

## 英文部分

[1] Akbari H，Kurn D M，Bretz S E，*et al*. Peak power and cooling energy savings of shade trees [J]. Energy and Buildings，1997，25（2）：139-148.

[2] Bardgett R. The Biology of Soil：A Community and Ecosystem Approach [M]. london：Oxford University Press，2005：256.

［3］ Bernatzky A. The effects of trees on the urban climate ［M］//Trees in the 21st Century. Berkhamster: Academic Publishers, 1983: 59-76.

［4］ Boardman N K. 1977. Comparative Photosynthesis of sun and shade Plants ［J］. Annual Review of Plant Physiology, 28: 355-377.

［5］ Bowler DE, Buyung-Ali L, Knight T M, et al. Urban greening to cool towns and cities: A systematic review of the empirical evidence ［J］. Landscape and Urban Planning, 2010, 97 (3): 147-155.

［6］ Bullen R, Frieke F. Sound propagation through vegetation ［J］. Sound Vib, 1982, 80 (1): 11-23.

［7］ Burns S H. The absorption of sound by pine trees ［J］. Journal of the Acoustical Socirty of America, 1979, 65 (3): 658-661.

［8］ Cervelli E W, Lundholm J T, Du X. Spontaneous urban vegetation and habitat heterogeneity in Xi'an, China ［J］. Landscape and Urban Planning, 2013, 120 : 5-33.

［9］ Chang C, Chang S, Li M. A preliminary study on the local cool-island intensity of Taipei city parks ［J］. Landscape and Urban Planning, 2007, 80 (4): 386-395.

［10］ Cook D I, Van Haverbeke D F V. Trees And Shrubs For Noise Abatement ［R］. University Of Nebraska College Of Agricultural Experimental Station Bulletin, 1974.

［11］ Cohen P, Potchter O, Matzarakis A. Daily and seasonal climatic conditions of green urban open spaces in the Mediterranean climate and their impact on human comfort ［J］. Building and Environment, 2012, 51: 285-295.

［12］ Cultural Lands cape ［R/OL］. http://w hc. une s co. org/e n/culturallands cape.

［13］ Cunningham S D, Berti W R, Huang J W. Phytoremediation of contaminated soils ［J］. Trends in Biotechnology, 1995, 13 (9): 393-397.

［14］ Embleton T F W. Sound Propagation In Homogeneous Deciduous And Evergreen Woods ［J］. Acoust. Soc. Am, 1963, 35: 1119-1125.

［15］ Fang C F, Ling D L. Guiduance for noise reduction provided by tree belts ［J］. Landscape and Urban Planning, 2005, 71: 29-34.

［16］ Ferron G A. Deposition of polydisperse aerosols in two glass models representing the upper human airways ［J］. Journal of aerosol Science, 1977, 8 (6): 409-427.

［17］ Francisco J. Escobedo, Nicola Clerici, Christina L. Staudhammer, Germán Tovar Corzo. Socio-ecological dynamics and inequality in Bogotá, Colombia's public urban forests and their ecosystem services ［J］. Urban Forestry & Urban Greening, 2015, 14: 1040-1053.

［18］ Fricke F. Sound attenuation in forests ［J］. Journal of Sound and Vibration, 1984, 92 (1): 149-158.

［19］ Gao Y, Jin Y J, Li H D, et al. Volatile organic compounds and their roles in bacteriostasis in five conifer species ［J］. Journal of Integrative Plant Biology, 2005, 47 (4): 499-507.

［20］ Gill SE, Handley JF, Ennos AR, et al. Adapting cities for climate change: the role of the green infrastructure [J]. Built Environment, 2007, 30 (1): 115-133.

[21] Gosling SN, Lowe JA, McGregor GR. Associations between elevated atmospheric temperature and human mortality: a critical review of the literature [J]. Climatic Change, 2009; 92: 299-341.

[22] Gratani L, Crescente M F, Varone L. Long-term monitoring of metal pollution by urban trees [J]. Atmospheric Environment, 2008, 42 ( 35) : 8273-8277.

[23] Herrington L P. Trees And Acoustics In Urban Areas [J]. For, 1974, 72: 462-465.

[24] Holmer B, Thorsson S, Linden J. Evening evapotranspirative cooling in relation to vegetation and urban geometry in the city of Ouagadougou, Burkina Faso [J]. International Journal of Climatology, 2013, 33 (15): 3089-3105.

[25] Hopkins G, Munakata J, Semprini L, et al. Trichloroethylene concentration effects on pilot field-scale in-situ groundwater bioremediation by phenol-oxidizing microorganisms [J]. Environ Sci Technol, 1993, 27: 2542-2547.

[26] Jiao F, Wen Z, An S. Changes in soil properties across a chronosequence of vegetation restoration on the Loess Plateau of China [J]. CATENA, 2011, 86 (2): 110-116.

[27] Jonsson P. Vegetation as an urban climate control in the subtropical city of Gaborone, Botswana [J]. International Journal of Climatology, 2004, 24 (10): 1307-1322.

[28] Kalnay E, Cai M. Impact of urbanization and land-use change on climate [J]. Nature, 2003, 423 (6939): 528-531.

[29] Kinney PL. Climate change, air quality, and human health [J]. American journal of preventive medicine, 2008, 35 (5): 459-467.

[30] Kragh J. Pilot study on railway noise attenuation by belts of trees [J]. Sound Vibration, 1979, 66 (3): 407-415.

[31] Kumar R, Kaushik SC. Performance evaluation of green roof and shading for thermal protection of buildings [J]. Building and Environment, 2005, 40 (11): 1505-1511.

[32] Lambers H. CHAPIN F S III, PONS T L. Plant Physiological ecology [M]. New-York: Springer-Verlag, 1998: 3-5.

[33] Li D W, Kendrick B. Functional relations between airborne fungal spores and environmental factors in Kichener-Waterloo, Ontario, as detected by canonical correspondence analysis [J]. Grana, 1994, 33 (1): 66-76.

[34] Li Y Y, Shao M A. Change of soil physical properties under long-term natural vegetation restoration in the Loess Plateau of China [J]. Journal of Arid Environments, 2006, 64 (1): 77-96.

[35] Mangone G, van der Linden K. Forest microclimates: Investigating the performance potential of vegetation at the building space scale [J]. Building and Environment, 2014, 73: 12-23.

[36] Martens M J M. Noise abatement in plant monocultures and plant communities [J]. Applied Acoustics, 1982, 15 (6): 389-395.

[37] Mc Kinney ML. Urbanization as a major cause of biotic homogenization. Biological Con-

servation, 2006: 127, 247-260.

[38] Mooney H A. Today of Plant Physiological [J]. Bioscience, 1987, 37 (8): 18-20.

[39] Nowak D J. Carbon storage and sequestration by urban trees in the USA [J]. Environmental Pollution, 2002b, 116 (3): 381-389.

[40] Oliveira S, Andrade H, Vaz T. The cooling effect of green spaces as a contribution to the mitigation of urban heat: A case study in Lisbon [J]. Building and Environment, 2011, 46 (11): 2186-2194.

[41] Ottel M, van Bohemen H D, Fraaij A L A. Quantifying the deposition of particulate matter on climber vegetation on living walls [J]. Ecological Engineering, 2010, 36 (2): 154-162.

[42] Pauleit S, Breuste JH. Land use and surface cover as urban ecological indicators. In: Niemelä J (ed) Handbook of urban ecology [M]. Oxford University Press, Oxford, 2011: 19-30.

[43] Peng S, Piao S, Ciais P, et al. Surface urban heat island across 419 global big cities [J]. Environmental science & technology, 2011, 46 (2): 696-703.

[44] Peter D T. Spontaneous Urban Vegetation: Reflections of Change in a Globalized World [J]. Nature and Culture, 2010, 5 (3): 299-315.

[45] Pope C A, Verrier R L, Lovett E G, et al. Heart rate variability associated with particulate air pollution [J]. American heart journal, 1999, 138 (5): 890-899.

[46] Reethof G. Effect of planting on radiation f highway noise [J]. Air Pollut. Control Assoc, 1973, 23 (3): 185-189.

[47] Richard B Schlesinger, Daryl E Bohning, Tai L Chan, et al. Particle deposition in a hollow cast of the human tracheobronchial tree [J]. Journal of Aerosol Science, 1977, 8 (6): 429-445.

[48] Sanchez-Moral S., Luque L., Cuezva S., et al. Deterioration of building materials in Roman catacombs: the influence of visitors [J]. Science of the Total Environment, 2005, 349 (1-3): 260-276.

[49] Shehu A, Mullai A, Shallari S. Identification of environmental aspects and oil pollution pressure on spontaneous flora in the Patos-Marinez industrial area [J]. Albanian Journal of Agricultural Sciencesv, 2013, 12 (4): 729-733.

[50] Shi GY, Ma KP. Vegetation traits in Qiqihaer city and suggestions of keeping urban ecological balance [J]. Journal of Science of Teachers College and Uni-versity, 1982 (2), 64-69.

[51] Smith L S, Mark D E. The grass-free lawn: Management and species choice for optimum ground cover and plant diversity [J]. Urban Forestry & Urban Greening, 2014, 13 (3): 433-442.

[52] Song LH, Song WM, Shi W, et al. Halth effects of atmosphere microbiological pollution on respiratory system among children in Shanghai [J]. Journal of Environment and Health, 2000, 17 (3): 135-138.

[53] Stoker H S, Seager S L. Environmental chemistry: air and water pollution [M]. Glenview, IL: Scott, Foresman and Company, 1976: 213.

[54] Tan J, Zheng Y, Tang X, et al. The urban heat island and its impact on heat waves and human health in Shanghai [J]. International journal of biometeorology, 2010, 54 (1): 75-84.

[55] Tomasevic M, Vukmirovic Z, Rajsic S, et al. Characterization of trace metal particles deposited on some deciduous tree leaves in an urban are [J]. Chemosphere, 2005, 61 (6): 753-760.

[56] Turner R K, Paavola J. Valuing nature: lessons learned and future research directions [J]. Ecological Economics, 2003, 46 (3): 493-510.

[57] Wang L, Liu L, Gao S, et al. Physicochemical characteristics of ambient particles settling upon leaf surfaces of urban plants in Beijing [J]. Journal of Environmental Sciences, 2006, 18 (5): 921-926.

[58] Whitney GG. A quantitative analysis of the flora and plant communities of a representative midwestern U. S. town [J]. Urban Ecology, 1985, 9: 143-160.

[59] Wright T J, Greene V W, Paulus H J. Viable micro-organisms in an urban atmosphere [J]. Journal of Air Pollution Control Association, 1969, 19 (5): 337-341.

[60] Zhang D Z, Iwasaka Y. Nitrate and sulfate in individual Asian duststorm paticles in Beijing, China in Spring of 1995 and 1996 [J]. Atmospheric Environment, 1999, 33 (19): 3213-3223.

# 附　　录

## 附录 A　朝阳区社区绿化生态效益实测工作表

| 编号 | | 样本社区 | | 监测时间 | | 天气状况 | |
|---|---|---|---|---|---|---|---|
| 样点 | | 地位 | N | E | 环境描述 | | |
| 空气温度 AT | | | | | | | |
| 相对湿度 RH | | | | | | | |
| 空气粉尘含量 TSP | | | | | | | |
| 环境声级 dB | | | | | | | |
| 负离子浓度 ION | | | | | | | |
| 空气细菌含量 BC | | | | | | | |
| 空气真菌含量 FC | | | | | | | |
| 微生物总量 MC | | | | | | | |
| | | | | | | | |
| 样点 | | 地位 | N | E | 环境描述 | | |
| 空气温度 AT | | | | | | | |
| 相对湿度 RH | | | | | | | |
| 空气粉尘含量 TSP | | | | | | | |
| 环境声级 dB | | | | | | | |
| 负离子浓度 ION | | | | | | | |
| 空气细菌含量 BC | | | | | | | |
| 空气真菌含量 FC | | | | | | | |
| 微生物总量 MC | | | | | | | |

## 附录 B 朝阳区社区绿化生态效益估算统计表

| 社区名称 | 基础数据提取 | | | | | 生态效益估算 | | | | | | | | |
|---|---|---|---|---|---|---|---|---|---|---|---|---|---|---|
| | 绿化率标准化值 | 绿化覆盖率标准化值 | 垂直绿化率标准化值 | 地均三维绿量标准化值 | 地均植物量标准化值 | 降温效益估算值 | 增湿效益估算值 | 滞尘效益估算 | 降噪效益估算值 | 抑菌效益估算值 | 改善负离子效益估算值 | 综合生态效益估算值 | 综合生态效益全区排名 | 综合生态效益等级 |
| | | | | | | | | | | | | | | |
| | | | | | | | | | | | | | | |
| | | | | | | | | | | | | | | |
| | | | | | | | | | | | | | | |
| | | | | | | | | | | | | | | |
| | | | | | | | | | | | | | | |
| | | | | | | | | | | | | | | |
| | | | | | | | | | | | | | | |
| | | | | | | | | | | | | | | |
| | | | | | | | | | | | | | | |
| | | | | | | | | | | | | | | |
| | | | | | | | | | | | | | | |
| | | | | | | | | | | | | | | |
| | | | | | | | | | | | | | | |
| | | | | | | | | | | | | | | |
| | | | | | | | | | | | | | | |
| | | | | | | | | | | | | | | |
| | | | | | | | | | | | | | | |
| | | | | | | | | | | | | | | |
| | | | | | | | | | | | | | | |
| | | | | | | | | | | | | | | |
| | | | | | | | | | | | | | | |
| | | | | | | | | | | | | | | |

# 附录C　项目相关科研成果

## 北京市 26 种落叶阔叶绿化树种的滞尘能力[①]

范舒欣[1]　晏　海[1]　齐石茗月[1]　白伟岚[2]　皮定均[3]　李　雄[1]　董　丽[1]*

1 北京林业大学园林学院城乡生态环境北京实验室国家花卉工程技术研究中心，北京 100083；2 中国城市建设研究院有限公司，北京 100120；3 北京市朝阳区城市管理监督指挥中心，北京 100020

**摘　要**　为筛选适合用于北京市的具有优良滞尘能力的绿化物种，提高城市植被滞尘效应，选取北京市园林绿化应用最广泛的 26 种落叶阔叶树种，应用重量差值法，于 2014 年夏季对不同树种单位叶面积滞尘量进行测定，计算单叶滞尘量与单株滞尘量，并对树种滞尘能力进行了相应的聚类分析。结果表明：不同树种间滞尘能力存在较大差异，选择不同的滞尘量计量单位，树种滞尘量排序会相应地发生变化。对 26 种北京市常用落叶阔叶树种从叶片、植株与综合滞尘能力三个方面的聚类分析均可得到相应的分类，各类别代表不同级别的滞尘能力水平。研究分析认为，植物滞尘能力的大小与其叶表特征、滞尘方式、株型结构、整株叶量及所处环境含尘量等密切相关，评价树种滞尘能力时应进行综合考虑。

**关键词**　落叶阔叶树种；叶片滞尘能力；植株滞尘能力；综合滞尘能力；滞尘量计量单位

---

① 本文章全文已发表于《植物生态学报》2015 年第 7 期。

*为责任作者，余同。

# Dust capturing capacities of twenty-six deciduous broad-leaved trees in Beijing

FAN Shu-xin[1]; YAN Hai[1]; QI Shimingyue[1]; BAI Wei-lan[2]; PI Ding-jun[3]; LI Xiong[1]; DONG Li[1*]

1 College of Landscape Architecture, Beijing Forestry University, Beijing Laboratory of Urban and Rural Ecological Environment, National Engineering Research Center for Floriculture, Beijing 100083, China; 2 China Urban Construction Design & Research Institute CO. LTD., Beijing 100120, China; 3 Urban Administration and Control Center of Chaoyang District, Beijing 100020, China

## Abstract

***Aims*** Aiming at providing basic informations on dust capturing capacity of different tree species and criterions for selecting trees in landscape design, this study selected 26 deciduous broad-leaved tree species widely used in urban landscaping in Beijing to measure the dust capturing both in field and indoor experiments environment.

***Methods*** The dust depositon per unit leaf area of each species was quantified by determining the weight difference before and after the treatment of blades. And then the dust deposition per leaf and plant were calculated for each species. Based on the dust capaturing capacity measured in three different units, cluster analysis on different tree species was carried out from distinct dimensions.

***Important findings*** Results showed that the dust capturing capacity differed significantly among tree species, and the ranking changed with measurement units selected in the experiments. For different specific evaluation focuses, choosing a diverse unit combination as clustering factor, the 26 deciduous broad-leaved tree species could be broadly divided into different categories representing a different dust capturing capacity level. Dust capturing capacity was closely related to the surface characteristics of leaves, the dust capturing method, the plant structure, the leaf amount of whole plant, the dust content of the environmrnt, etc. Therefore, multiple factors should be taken into account in the assessment of dust capturing capacity of different decidous tree species.

**Key words** deciduous broad-leaved trees; dust capturing capacity of leave; dust capturing capacity of plant; comprehensive dust capturing capacity, measurement unit of the dust capturing

# 华北树木群落夏季微气候特征及其对人体舒适度的影响[①]

晏　海　王　雪　董　丽[*]

北京林业大学园林学院城乡生态环境北京实验室国家花卉工程技术研究中心，北京100083

**摘　要**　选择北京奥林匹克森林公园 8 个植物群落为研究对象，对其夏季日间微气候效应进行了定量化研究，并采用不舒适指数作为评价指标，比较了不同植物群落对人体舒适度影响的差异，最后分析了群落冠层特征对微气候和不舒适指数的影响。结果表明：在夏季高温天气里，植物群落可显著降低空气温度和光照强度，提高相对湿度；与对照点相比，植物群落内的日均降温强度为 1.6～2.5℃，增湿强度为 2.9%～5.2%，遮光率为 61.0%～96.9%；与对照点相比，植物群落都能降低一定的不舒适指数，降低不舒适指数率为 2.5%～4.3%，不同植物群落间降低不舒适指数率的差异达到了显著水平，表明不同树种的微气候效应具有差异。最后通过对微气候因子、不舒适指数及群落冠层特征的相关性分析，显示它们之间存在显著的相关性，即说明树木的冠层特征（叶面积指数和冠层盖度）对群落的微气候因子和不舒适指数具有重要的调节作用。

**关键词**　植物群落；微气候；空气温度；不舒适指数；冠层特征

---

①　本文章全文已发表于《北京林业大学学报》2012 年第 5 期。

# Microclimatic characteristics and human comfort conditions of tree communities in northern China during summer

YAN Hai; WANG Xue; DONG Li*

College of Landscape Architecture, Beijing Forestry University, Beijing Laboratory of Urban and Rural Ecological Environment, National Engineering Research Center for Floriculture, Beijing 100083, China

**Abstract**

This paper aims to investigate the effects of tree communities on the improvement of microclimatic and human comfort conditions in urban areas, specifically, in the case of Beijing Olympic Forestry Park in Beijing, China. The microclimate characteristics of different communities were analyzed, and the discomfort index (DI) was introduced to evaluate the effects of different tree communities on human body's comfortable degree. The results indicated that there existed significant differences in the air temperature, relative humidity and light intensity between tree communities and the control open site (CK). Compared with CK, the tree communities can daily decrease temperature by 1.6~2.5℃, increase the relative humidity by 2.9%~5.2%, and the shading rate was 61.0%~96.9%. Compared with CK, all species communities can reduce the diurnal mean DI in some degree and the decreasing rate was 2.5%~4.3%. Correlation analysis between microclimate factors and the indices of tree community canopy structural characteristics showed that canopy characteristics played important regulatory role in microclimate and DI degree. The intention of this work is to provide more basic and solid information to aid human to understand the role of plant on mitigation of the destroyed environment, and specifically, to aid efforts to improve the environment of Beijing through better planning and the appropriate choice of plant species used for landscape design, and for references of other cities having similar climatic characteristics as well.

**Key words**　plant community; microclimate; air temperature; discomfort index; canopy structural characteristics

# 北京奥林匹克森林公园空气负离子浓度及其影响因素[①]

潘剑彬　董　丽*　廖圣晓　乔　磊　晏　海

北京林业大学园林学院城乡生态环境北京实验室国家花卉工程技术研究中心，北京 100083

**摘　要**　在北京奥林匹克森林公园内的典型群落环境内外选定样点和对照点，并于 2009 年 8 月 18～20 日连续测定空气中的负离子浓度。结果表明：不同的群落结构条件下，乔灌草复合植物群落在影响负离子的产生效果方面要优于简单植物群落结构，尤其高于单层的群落结构，同时其与负离子浓度的相关性最大；不同的植被类型条件下，大面积的落叶阔叶林区域的负离子浓度要显著高于针阔叶混交林区域和针叶林区域。最后，综合比较空气负离子浓度与空气温湿度的关系，发现空气负离子浓度与空气湿度、空气温度呈正相关。

**关键词**　空气负离子；植被生态效应；北京奥林匹克森林公园；城市绿地

## Negative air ion concentration and affecting factors in Beijing Olympic Forest Park

PAN Jian-bin；DONG Li*；LIAO Sheng-xiao；QIAO Lei；YAN Hai

College of Landscape Architecture，Beijing Forestry University，Beijing Laboratory of Urban and Rural Ecological Environment，National Engineering Research Center for Floriculture，Beijing 100083，China

### Abstract

In this study，sampling plots and control were chosen in the Beijing Olympic Forest Park（BOFP）and negative air ion（NAI）concentrations were measured continually in clear days of August 18～20，2009. The results indicated that the effect of plant community structure on NAI was significantly different. NAI concentration of the tree-shrub-grass communities was higher than that in the simple plant communities，especially higher than that in the single-layer ones. The correlation between multiple plant communities and NAI concentration was significant. Moreover，NAI concentration of the deciduous broadleaved forest regions was higher than those of the coniferous forest and mixed conifer and broad-leaved one. The results showed that there was positive correlations between NAI concentration and air relative humidity and air temperature.

**Key words**　negative air ions（NAI）；vegetation ecological benefits；Beijing Olympic Forestry Park；urban green

---

①　本文章全文已发表于《北京林业大学学报》2011 年第 2 期。

# 北京奥林匹克森林公园空气菌类浓度特征研究[①]

潘剑彬　乔　磊　董　丽[*]

北京林业大学园林学院，北京 100083

**摘　要**　缘于人类影响和其他因素，空气菌类（真菌和细菌）大量存在于城市环境中，其中的少数种类会影响人类健康，提高城市环境质量是控制空气菌类种类和数量的有效途径之一。城市绿地在提高城市环境质量的过程中作用显著。研究实验中，在北京奥林匹克森林公园内外选定样点和对照点，并在 2009 年 4 月、7 月、10 月以及 2010 年 1 月连续测定。结果表明，公园内样点的空气菌类不仅在数量上与对比样点存在较大差异，其本身的变化也具有较明显的季节和日变化规律。另外，郁闭度较高的阔叶林和针叶林对其群落空间内菌类数量的影响较大，植被的郁闭度高有利于增加空间中真菌浓度，却对细菌浓度有消减作用，与此同时，阔叶树种和针叶树种能够发挥杀菌作用的季节也不同。本研究结果将有利于开展对城市绿地的综合生态效益评价。

**关键词**　风景园林；空气细菌；空气真菌；植被生态效益；城市绿地

①　本文章全文已发表于《中国园林》2010 年第 12 期。

# Research on the concentration characteristics of airborne bacteria and fungi in Beijing Olympic Forest Park

PAN Jian-bin; QIAO Lei; DONG Li*

College of Landscape Architecture, Beijing Forestry University, Beijing 100083, China

**Abstract**

As a result of human impact and other factors, a large number of funguses (airborne bacteria & airborne fungi) exist in the air, and the minority of those can influence human health. Then improving the quality of urban environment is one of the effective methods to control the kinds and amounts of funguses. Because of large number of plants, urban green space plays important roles in improving environment. In this paper, the sampling plots and control plots were chosen and the concentration of airborne bacteria and fungi were measured in clear day of April, July, October of 2009 and January of 2010. The results indicated that those sampling plots of Beijing Olympic Forest Park were significantly different from those controls which represented area out of the park. Furthermore, the concentration of funguses has apparent characteristics of seasonally and daily. Moreover, broad-leaved forest and coniferous forest have significantly affected the quantity of funguses, and meanwhile, the season that two forests can affect funguses was different. Furthermore, the results of the research are contributed to evaluate integrated vegetation ecological benefits of urban green space.

**Key words** landscape architecture; airborne bacteria; airborne fungi; vegetation ecological benefits; urban green space

# 北京奥林匹克森林公园绿地空气负离子密度季节和年度变化特征[①]

潘剑彬　董　丽[*]　晏　海

北京林业大学园林学院，北京 100083

**摘　要**　研究了北京奥林匹克森林公园区域 2005～2010 年的负离子密度，结果显示：2009 年 5 月份至 2010 年 5 月份，公园的负离子密度具有明显的年度变化特征，2009 年夏季空气质量最好，其次是秋季，而 2010 年春季空气质量最差；测量时间内负离子具有显著的季节密度特征，夏季最高（2500 个/cm³ 以上），春季最低（低于阈值，1000 个/cm³），而秋季（约 2100 个/cm³）仅次于夏季而高于冬季（1070 个/cm³）；公园绿地建成前后，基于负离子密度的空气质量具有显著的改善。从而表明，公园绿地植被对于提高绿地所在局部区域以负离子密度为主要参数的空气质量具有显著作用。

**关键词**　空气负离子；植被生态效应；北京奥林匹克森林公园；城市绿地

# Seasonal and annual characteristics of concentration of negative air ions in Beijing Olympic Forest Park

PAN Jian-bin；DONG Li；YAN Hai

College of Landscape Architecture，Beijing Forestry University，Beijing 100083，China

## Abstract

A study was performed to determine the concentration of Negative air ions（NAI）in Beijing Olympic Forest Park（BOFP）from May 2005 to May 2010. A significant annual variation in NAI concentration was observed in BOFP. The air quality was the best in the summer of 2009，followed by the autumn，and the worst was in the spring of 2010. NAI concentration also had a significant seasonal variation during the observation period. The concentration of NAI was the highest insummer（over 2500 ind. /cm³），followed by fall（approximately 2100 ind. /cm³），winter（1070 ind. /cm³），and spring（1000 ind. /cm³，below the threshold value）. The air quality based on NAI concentration was greatly improved after theconstruction of green space in BOFP. Vegetation in park green space has a significant effect on the improvement of airquality in terms of NAI concentration.

**Key words**　negative air ions；vegetation ecological benefits；Beijing Olympic Forest Park；urban green space

---

①　本文章全文已发表于《东北林业大学学报》2012 年第 9 期。

# The impacts of land cover types on urban outdoor thermal environment: the case of Beijing, China[①]

YAN Hai[1,2]; DONG Li[1*]

1 College of Landscape Architecture, Beijing Forestry University, Beijing 100083, China;

2 School of Landscape Architecture, Zhejiang Agriculture and Forestry University, Lin'an, Zhejiang, 311300, China

**Abstract**

**Background**

This study investigated the microclimatic behavior of different land cover types in urban parks and, the correlation between air temperature and land cover composition to understand how land cover affects outdoor thermal environment during hot summer.

**Methods**

To address this issue, air temperatures were measured on four different land cover types at four observation sites inside an urban park in Beijing, China, meanwhile, the land cover composition of each site was quantified with CAD, by drawing corresponding areas on the aerial photographs.

**Results**

The results showed that the average air temperature difference among four land cover types was large during the day and small during the night. At noon, the average air temperature differed significantly among four land cover types, whereas on night, there was no significant difference among different land cover types. Results of the linear regression indicated that during daytime, there was a strong negative correlation between air temperature and percent tree cover; while at nighttime, a significant negative correlation was observed between air temperature and percent lawn cover. It was shown that as the percent tree cover increased by 10%, the air temperature decreased by 0.26℃ during daytime, while as the percent lawn cover increased by 10%, the air temperature decreased by 0.56℃ during nighttime.

**Conclusions**

Results of this study help to clarify the effects of land cover on urban outdoor thermal environment, and can provide assistance to urban planner and designer for improving green space planning and design in the future.

**Key words**　Urban heat island; urban park; vegetation; air temperature; land cover

---

①　本文章全文已发表于 *Journal of Environmental Health Science & Engineering* 2015 年第 1 期。

# Quantifying the impact of land cover composition on intra-urban air temperature variations at a mid-latitude city[①]

YAN Hai[1,2]; FAN Shuxin[1]; GUO Chenxiao[1]; HU Jie[3,4]; DONG Li[1*]

1 College of Landscape Architecture, Beijing Forestry University, Beijing 100083, China; 2 School of Landscape Architecture, Zhejiang Agriculture and Forestry University, Lin'an, Zhejiang, 311300, China; 3 School of architecture, Tsinghua University, Beijing, 100084, China; 4 Research Center for landscape architecture, Beijing Tsinghua Urban Planning & Design Institute, Beijing, 100085, China

**Abstract**

The effects of land cover on urban-rural and intra-urban temperature differences have been extensively documented. However, few studies have quantitatively related air temperature to land cover composition at a local scale which may be useful to guide landscape planning and design. In this study, the quantitative relationships between air temperature and land cover composition at a neighborhood scale in Beijing were investigated through a field measurement campaign and statistical analysis. The results showed that the air temperature had a significant positive correlation with the coverage of man-made surfaces, but the degree of correlation varied among different times and seasons. The different land cover types had different effects on air temperature, and also had very different spatial extent dependence: with increasing buffer zone size (from 20 to 300 m in radius), the correlation coefficient of different land cover types varied differently, and their relative impacts also varied among different times and seasons. At noon in summer, ~37% of the variations in temperature were explained by the percentage tree cover, while ~87% of the variations in temperature were explained by the percentage of building area and the percentage tree cover on summer night. The results emphasize the key role of tree cover in attenuating urban air temperature during daytime and nighttime in summer, further highlighting that increasing vegetation cover could be one effective way to ameliorate the urban thermal environment.

---

① 本文章全文已发表于 *PLOS One* 2014 年网页版。

# Assessing the effects of landscape design parameters on intra-urban air temperature variability: The case of Beijing, China[①]

YAN Hai; FAN Shuxin; GUO Chenxiao; WU Fan; ZHANG Nan; DONG Li*

College of Landscape Architecture, Beijing Forestry University, Beijing 100083, China

**Abstract**

Understanding the causes of the intra-urban air temperature variability is a first step in improving urban landscape design to ameliorate urban thermal environment. Here we investigated the spatial and temporal variations of air temperature at a local scale in Beijing, and their relationships with three categories of landscape design parameters, including the land cover features, site geometry, and spatial location. Air temperature measurements were conducted during the winter of 2012 and the summer of 2013 by mobile traverses. The results showed that spatial temperature difference between the maximum and minimum observed temperature in the study area ranged from 1.2 to 7.0 ℃, and varied depending on season and time of the day. The magnitude and spatial characteristic of the air temperature variations depend strongly on the landscape parameters characterizing the immediate environment of the measurement sites. Increasing the percentage vegetation cover could significantly decrease air temperature, while the increase of building area would significantly increase it. In addition, the observed air temperature increased as the sky view factor (SVF) increased during daytime, while a contrary tendency was observed during nighttime. However, the impacts of SVF on air temperature were context-dependent. Furthermore, the air temperature increased with increasing distance from the park and water body boundary. Our findings also indicated that the relative importance of these landscape parameters in explaining air temperature differences varied among different times and seasons. Therefore, if appropriately combined, all investigated landscape parameters can effectively improve urban thermal environment on a yearly basis.

**Key words** urban heat island; air temperature; landscape design; land cover; vegetation; sky view factor

---

① 本文章全文已发表于 *Building & Environment* 2014 年第 6 期。